essentials

Essentials liefern aktuelles Wissen in konzentrierter Form. Die Essenz dessen, worauf es als „State-of-the-Art" in der gegenwärtigen Fachdiskussion oder in der Praxis ankommt. *Essentials* informieren schnell, unkompliziert und verständlich

- als Einführung in ein aktuelles Thema aus Ihrem Fachgebiet
- als Einstieg in ein für Sie noch unbekanntes Themenfeld
- als Einblick, um zum Thema mitreden zu können

Die Bücher in elektronischer und gedruckter Form bringen das Fachwissen von Springerautor*innen kompakt zur Darstellung. Sie sind besonders für die Nutzung als eBook auf Tablet-PCs, eBook-Readern und Smartphones geeignet. *Essentials* sind Wissensbausteine aus den Wirtschafts-, Sozial- und Geisteswissenschaften, aus Technik und Naturwissenschaften sowie aus Medizin, Psychologie und Gesundheitsberufen. Von renommierten Autor*innen aller Springer-Verlagsmarken.

Joachim Schlegel

Nichtrostender ferritischer Stahl

Ein Stahlporträt

Joachim Schlegel
Hartmannsdorf, Sachsen, Deutschland

ISSN 2197-6708   ISSN 2197-6716   (electronic)
essentials
ISBN 978-3-658-47864-3   ISBN 978-3-658-47865-0   (eBook)
https://doi.org/10.1007/978-3-658-47865-0

Die Deutsche Nationalbibliothek verzeichnet diese Publikation in der Deutschen Nationalbibliografie; detaillierte bibliografische Daten sind im Internet über https://portal.dnb.de abrufbar.

Planung/Lektorat: Sandy Lunau
Springer Vieweg ist ein Imprint der eingetragenen Gesellschaft Springer Fachmedien Wiesbaden GmbH und ist ein Teil von Springer Nature.
Die Anschrift der Gesellschaft ist: Abraham-Lincoln-Str. 46, 65189 Wiesbaden, Germany

Wenn Sie dieses Produkt entsorgen, geben Sie das Papier bitte zum Recycling.

Was Sie in diesem *essential* finden können

Nichtrostende ferritische Stähle

- Zur Geschichte
- Bezeichnungen, chemische Zusammensetzungen und Sorten
- Gefüge und Eigenschaften
- Herstellung
- Anwendungen
- Werkstoffdaten

Vorwort

Stahl ist unverzichtbar, wiederverwertbar und hat eine ganz besondere Bedeutung: In unserer modernen Industriegesellschaft ist Stahl der Basiswerkstoff für alle wichtigen Industriebereiche und auch die globalen Megathemen von heute, wie Klimawandel, Mobilität und Gesundheitswesen, sind ohne Stahl nicht lös- bzw. nicht beherrschbar. Beeindruckend ist die schon über 5000 Jahre während Geschichte des Eisens und der Stahlerzeugung. Die Welt des Stahls ist inzwischen erstaunlich vielfältig und so komplex, dass sie in der Praxis nicht leicht zu überblicken ist (Schlegel, 2021). In Form von *essentials* zu Porträts von ausgewählten Stählen und Stahlgruppen soll dem Leser diese Welt des Stahls nähergebracht werden; kompakt, verständlich, informativ, strukturiert mit Beispielen aus der Praxis und geeignet zum Nachschlagen.

Das vorliegende *essential* beschreibt die **nichtrostenden ferritischen Stähle,** auch **Chrom-Edelstähle** genannt. Diese besitzen nur einen sehr geringen bzw. gar keinen Nickelgehalt, sind deshalb kostengünstiger als austenitische Stähle, sind magnetisch und können nicht umwandlungsgehärtet werden. Dazu kommen bei guter Schweiß- und Kaltumformbarkeit eine mittelmäßige Korrosionsbeständigkeit bei hoher Beständigkeit gegen Spannungsrisskorrosion. Mit diesen Eigenschaften haben sich die nichtrostenden ferritischen Stähle ein breites Anwendungsgebiet erschlossen und teils auch austenitische Stähle in der Industrie verdrängt.

Das vorliegende *essential* vervollständigt die Reihe der Stahlporträts zu den vier nichtrostenden Edelstählen: austenitische, ferritische, martensitische Edelstähle und Duplexstähle.

Für die Motivation, Betreuung und Unterstützung danke ich Frau Dr. Sandy Lunau, Editor, Lektorat Bauwesen des Verlages Springer Vieweg. Herrn Dipl.-Ing. Torsten Heymann, Geschäftsführer der BGH Edelstahl Lugau GmbH, bin ich dankbar für seine fachliche Unterstützung bei der Erarbeitung und Sichtung des Manuskripts. Und meinem Bruder, Dr.-Ing. Christian Schlegel, danke ich für seine Hilfe beim Korrekturlesen.

Hartmannsdorf, Deutschland   Dr.-Ing. Joachim Schlegel

Inhaltsverzeichnis

1.1   Was ist ein nichtrostender ferritischer Stahl?

Wie auch die anderen drei nichtrostenden Edelstähle (austenitische, martensitische sowie Duplexstähle) werden die ferritischen Stähle nach dem Gefüge bei der
Anwendung bezeichnet. Es besteht aus der kubisch-raumzentrierten Gitterstruktur
α-Eisen, wie in Abb. 1.1 dargestellt, auch Ferrit genannt. Dieses Ferritgitter wird
auch bei erhöhten Temperaturen bis hin zum Schmelzpunkt beibehalten. Davon
ausgehend zeigen die nichtrostenden ferritischen Stähle während der Erwärmung
keine Umwandlung von Ferrit in Austenit. Auch ist zur Härtesteigerung keine
Martensitumwandlung beim Abkühlen möglich. Somit können die ferritischen
Stähle nicht durch eine Wärmebehandlung gehärtet werden.

Im Vergleich zu den nichtmagnetischen austenitischen Stählen sind die ferritischen Stähle infolge ihrer kubisch-raumzentrierten Gitterstruktur magnetisch.

1.2   Zur Geschichte

Die Geschichte ferritischer Stähle ist verbunden mit der Geschichte der nichtrostenden, also der Gruppe der korrosionsbeständigen Stähle. Und diese Entwicklung
nichtrostender Stahlsorten erstreckt sich über ein Jahrhundert.

Schon 1821 erkannte der französische Geologe und Mineraloge *Pierre Berthier*
(1782–1861), dass ein mit ausreichend Chrom legierter Stahl nichtrostend wird.
Mit den damaligen metallurgischen Möglichkeiten konnte dies jedoch noch nicht
technologisch umgesetzt werden (Lowe, 2017).

Erst mit der Erfindung des austenitischen Stahls um 1912 durch den Chemi-
ker und Metallurgen *Eduard Maurer* (1886–1969) und seinem Abteilungschef,

J. Schlegel, *Nichtrostender ferritischer Stahl*, essentials,
https://doi.org/10.1007/978-3-658-47865-0_1

Abb. 1.1 Ferrit: Das
kubisch-raumzentrierte
Würfelgitter α-Eisen

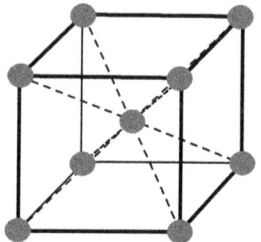

Eisenatom

Professor *Benno Strauß* (1873–1944), gelang der Durchbruch in der Metallurgie nichtrostender Stähle. Deren Versuchsschmelze **2** Austenit (V2A) wies 18 Masse-% Chrom und ca. 8 Masse-% Nickel auf und entsprach dem Legierungstyp **18/8** = 1.4300 (X12CrNi18-8). Ein derartig neuer, austenitischer und korrosionsbeständiger Stahl erhielt den Namen „Nirosta" von **ni**cht **ro**stendem **Sta**hl. Und als Nachfolger vom **18/8** wird heute wegen seiner Anteile an Chrom und Nickel der **18/10** = 1.4301 (X5CrNi18-10) hergestellt.

Bald galten *Maurer* und *Strauß* als die Wegbereiter des großtechnischen Einsatzes von nichtrostendem Stahl in Deutschland. Interessant ist, dass zeitgleich auch in Österreich im Jahr 1912 vom Ingenieur *Max Mauermann* (1868–1929) ein rostbeständiger Stahl erfunden wurde. Er konnte jedoch den Ruhm für seine Erfindung nicht genießen, denn erst nach seinem Tod wurde ihm im Patentstreit mit Krupp die Ersterfindung des rostbeständigen Stahls zuerkannt (Köstler, 1990).

1913 gelang *Harry Brearley* (1871–1948) in einem Stahlforschungslabor in England die Herstellung eines ferritischen Chromstahls. Dieser war verschleißbeständig und auch beständig gegenüber Chemikalien. So wurde er als „rustless steel" auch für Bestecke verwendet. Davon ausgehend gilt heute *Harry Brearley* auf den britischen Inseln als der Erfinder des rostfreien Stahls. Und in den USA ist es *Elwood Hayens* (1857–1925), Metallurge, Erfinder, Automobilunternehmer, der zu den Pionieren des korrosionsbeständigen Stahls gezählt wird (Lowe, 2017). Somit wurden in der Zeit um 1910 bis 1914 die grundlegenden Gefüge für nichtrostende Stähle entwickelt: Austenit, Ferrit und Martensit, jeweils mit den zwei Legierungssorten Fe-Cr und Fe-Cr-Ni. Danach verfeinerten bzw. passten die Metallurgen Gefüge und Legierungssysteme den vielen neuen Anwendungen an. Beflügelt durch den Fortschritt in der metallurgischen Erzeugung (Elektrostahlwerke, Einsatz von sekundärmetallurgischen Anlagen wie z. B. die der AOD- und VOD-Konverter zum Entkohlen mit Argon-Sauerstoff-Gemisch oder unter Vakuum mit Sauerstoff) entstanden nunmehr viele neue, großtechnisch erzeugbare nichtrostende Stähle. So konnten bald hochwertige, hochlegierte Edelstähle mit niedrigen Kohlenstoff- und definierten Stickstoffgehalten erzeugt werden. Verbesserte metallurgische Reinheit und homogeneres Gefüge boten die Verfahren des Elektroschlacke-Umschmelzens (ESU). Zusätzlich führt Strangguss zur Senkung der Herstellkosten.

Im Schatten der vielen austenitischen Cr-Ni-Stähle kamen auch ferritische Lösungen ohne Nickel für spezielle Anwendungen zum Einsatz. Die Treiber hierfür waren zunächst gleiche Eigenschaften, bzw. ausreichend gute Eigenschaften bei möglichst geringeren Herstellkosten. Später wurden auch nichtrostende ferritische Stähle mit herausragenden, also teils auch besseren Eigenschaften als sie austenitische Stähle aufweisen, entwickelt und auf den Markt gebracht. Anfang 2000 explodierten die Nickelpreise und das Interesse an preisgünstigeren und preisstabileren korrosionsbeständigen Stählen wuchs (ISSF, 2007). So kam der ferritische Cr-Stahl ohne Nickel mit seinem hohen Chromgehalt (min. 10,5 bis 13 Masse-% zur Sicherung der Korrosionsbeständigkeit) ins Blickfeld und wird nun für viele Anwendungsgebiete z. B. anstelle vom austenitischem Cr-Ni-Stahl 1.4301 (X5CrNi18-10) bevorzugt eingesetzt. Die weltweit bekanntesten ferritischen Standardgüten sind heute 1.4006 (X12Cr13), 1.4016 (X6Cr17) sowie 1.4512 (X2CrTi12). Die in jüngerer Zeit neu entwickelten ferritischen Stähle, wie z. B. 1.4509 (X2CrTiNb18) und 1.4510 (X3CrTi17), bieten ein sehr gutes Eigenschaftspotenzial: gut umformbar in komplexe Formen, gut schweißbar und mit hoher Lochkorrosionsbeständigkeit (ISSF, 2007).

Das besondere Qualitätsmerkmal Magnetismus der nichtrostenden ferritischen Stähle unterscheidet sie von den anderen nichtrostenden Stählen und bietet einen weiteren Vorteil für viele, auch neue Anwendungen. So hat in den letzten Jahren (obwohl schon über 100 Jahre bekannt) der technische Fortschritt hochqualitative nichtrostende ferritische Stähle auf den Markt gebracht und mit früheren Missverständnissen (*„Nur der austenitische Cr-Ni-Stahl biete die beste Kombination aus Korrosionsbeständigkeit und mechanischen Eigenschaften"*) bei der industriellen Anwendung aufgeräumt (ISSF, 2007).

1.3   Einordnung im Bereich der nichtrostenden Edelstähle

Die ferritischen Stähle zählen zur Gruppe der rost- und säurebeständigen Stähle (DIN EN 10088 T1 bis T5). Diese umfasst nach dem Gefüge die ferritischen, austenitischen und martensitischen Stähle sowie die ferritisch-austenitischen Duplex-Stähle, schematisch dargestellt in Abb. 1.2.

Nichtrostende Edelstähle

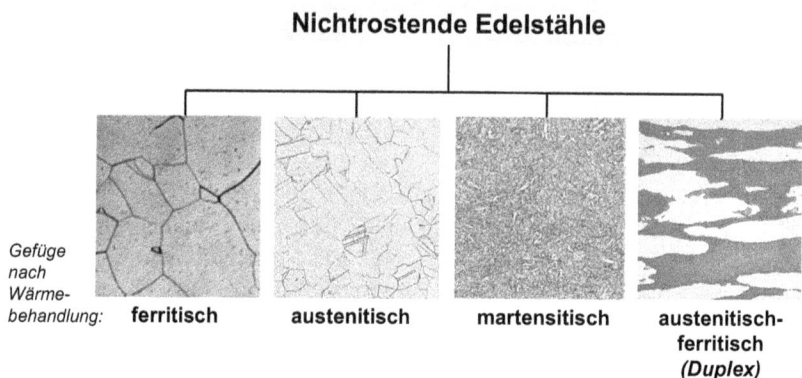

Gefüge nach Wärme-behandlung: **ferritisch**   **austenitisch**   **martensitisch**   **austenitisch-ferritisch (Duplex)**

Abb. 1.2 Einordung der ferritischen Stähle nach dem Gefüge in der Gruppe der nichtrostenden Edelstähle. (Schliffbilder: BGH Edelstahl Freital GmbH)

1.4   Bezeichnungen

Werkstoffnummern
Sie werden durch die Europäische Stahlregistratur vergeben und bestehen aus der Werkstoffhauptgruppennummer (erste Zahl mit Punkt: **1** für **Stahl**), den Stahlgruppennummern (zweite und dritte Zahl) sowie den Zählnummern (vierte und fünfte Zahl).

Die nichtrostenden ferritischen Stähle sind gemäß EN 10027-2 (Bezeichnungssystem für Stähle) im Einklang mit DIN EN 10020 zu finden im Bereich der legierten, chemisch beständigen Stähle mit folgenden Gruppennummern:

Stahlgruppen-Nr.	*Stahlsorte/Legierungselemente*
1.40..	*nichtrostende Stähle mit < 2,5 Masse-% Ni, ohne Mo, Nb und Ti*
1.41..	*nichtrostende Stähle mit < 2,5 Masse-% Ni, mit Mo, ohne Nb und Ti*
1.45..	*nichtrostende Stähle mit Sonderzusätzen (z. B. Ti, Nb, Cu)*
1.47..	*hitzebeständige Stähle mit < 2,5 Masse-% Ni*

Stahlkurznamen

Sie geben Hinweise zur chemischen Zusammensetzung der Stähle. Die Stahlkurznamen bestehen aus Haupt- und Zusatzsymbolen, die jeweils Buchstaben (z. B. chemische Symbole) oder Zahlen (für Gehalte der Legierungselemente) sein können. Diese Angaben unterscheiden sich bei unlegierten, legierten und hochlegierten Stählen sowie bei Schnellarbeitsstählen (Langehenke, 2007). Bei hochlegierten Stählen gilt, dass sie mindestens ein Legierungselement mit einem Massenanteil von ≥ 5 % enthalten. Zu diesen Stählen zählen auch die ferritischen Stähle. Sie werden mit einem **X** am Anfang des Kurznamens gekennzeichnet. Danach folgen der Kohlenstoffgehalt, grundsätzlich multipliziert mit dem Faktor 100, und die weiteren Legierungselemente mit ihren chemischen Kurzzeichen. Dabei erfolgt die Angabe der Legierungselemente in der Reihenfolge beginnend mit dem höchsten Gehalt. Daran schließen sich die jeweils zu den Legierungselementen zugehörigen Massenanteile an.

Beispiel:

X2CrTi12 (1.4512): Der bekannte ferritische Standardstahl mit ca. 0,02 Masse-% Kohlenstoff, ca. 12 Masse-% Chrom und Titanzusatz 6x(C + N).

Marken- und Herstellernamen sowie Synonyme für nichtrostenden Stahl

In der Stahlpraxis verwenden Hersteller und Anwender für alle gängigen korrosionsbeständigen Edelstähle, also neben den ferritischen Stählen auch für austenitische, martensitische und Duplex-Stähle, unterschiedliche Begriffe bzw. Namen:

- **Edelstahl rostfrei**, manchmal auch nur kurz: **Edelstahl**
  (Die Kurzbezeichnung *Edelstahl* gilt in der Fachliteratur für Stähle mit besonders hoher metallurgischer Reinheit oder festgelegten Eigenschaften, die nicht unbedingt auch korrosionsbeständig sein müssen.)

Die Marke „Edelstahl Rostfrei" ist beim Amt der Europäischen Union für Geistiges Eigentum in allen Mitgliedstaaten der Europäischen Union und in der Schweiz beim Eidgenössischen Institut für Geistiges Eigentum eingetragen. Inhaber ist der Warenzeichenverband Edelstahl Rostfrei e. V. Düsseldorf. Dieses Werkstoff-Siegel kennzeichnet die Qualität, die anwendungsgerechte Werkstoffauswahl und die sachgerechte Be- und Verarbeitung von nichtrostendem Stahl.

- **Nichtrostender Stahl** oder **rostfreier Stahl**
- **Ferrite, ferritische Edelstähle** (hier Edelstähle gemeint als korrosionsbeständige Stähle), **Austenite, austenitische Edelstähle, Martensite, martensitische Edelstähle, Duplexstähle**

- **Nirosta** oder **Niro** – Markenname von Outokumpu (ehemals ThyssenKrupp Nirosta), abgeleitet vom **nicht**rostenden **Stahl**
- **Inox** – vom Französischen *inoxydable* – *nicht oxidierbar,* also „nichtrostend" bzw. „rostfrei"
- **Chromstahl** (ferritisch) oder **Chrom-Nickel-Stahl** (austenitisch)
- **Cromargan®** – Handelsname von WMF

Dieser Name setzt sich aus den Bezeichnungen „Crom" und „Argan" zusammen, weil dieser Stahl einen hohen Chromanteil und ein silberglänzendes Aussehen aufweist.

In der Praxis verwenden die Hersteller und auch Händler für nichtrostende ferritische Stähle teils eigene Bezeichnungen, basierend auf den zugehörigen Werkstoffnummern, geschützte Namen und Handelsnamen, wie z. B. für:

1.4105 (X6CrMoS17):	**UGI®4105** (Swiss Steel Group/Ugitech)
	Ergste® 1.4105IL (Zapp)
1.4016 (X6Cr17):	**CHRONIFER® 17 %** (LKlein SA, CH)
	Moda 430/4016 (Outokumpu)
	CORRODUR 4016 (Swiss Steel Group)

Bezeichnungen nach internationalen Normen
Stainless Steel (vom Englischen *verfärbungsfrei, makellos*) ist die international verbreitete Bezeichnung für korrosionsbeständigen Stahl.

Im internationalen Handel kommen verschiedene Klassifizierungssysteme zur Anwendung, so auch für ferritische Stähle. Beispielsweise werden in den USA und Kanada die Stahlsorten nach dem AISI-Standard eingestuft. Der ferritische Edelstahl 1.4512 (X2CrTi12) entspricht hier der AISI 409.

Und bei der industriellen Anwendung von Edelstählen wird auf das System UNS zurückgegriffen (Kürzel steht für **U**nified **N**umbering **S**ystem for Metals and Alloys). So können auf der Basis länderspezifischer Normen auf dem Markt äquivalente ferritische Stähle gefunden bzw. verglichen werden:

USA:	**ASTM** (ursprünglich „American **S**ociety for **T**esting and **M**aterials") sowie
	AISI (American Iron and Steel Institute)
Japan:	**JIS G4403** (Japan Industrial Standard)
Frankreich:	**AFNOR/NF** (Association Française de **Nor**malisation)
Großbritannien:	**BS** (British Standards)
Italien:	**UNI** (Ente Nazionale Italiano di **Unifi**cazione)

China:	**GB** (**G**uo**b**iao, chinesisch: Nationaler Standard)
Schweden:	**SIS** (**S**wedish **I**nstitute of **S**tandards)
Spanien:	**UNE** (Asociación Española de Normalización)
Polen:	**PN** (von: **P**olnisches Komitee für **N**ormung)
Österreich:	**ÖNORM** (nationale österreichische **Norm**)
Russland:	**GOST** (**Go**sudarstvennyj **St**andart)
Tschechien:	**CSN** (Tschechische nationale technische Norm)

Zu beachten ist bei solch einem Abgleich, dass es sich um „äquivalente", also um „gleichwertige" ferritische Stähle handelt, die im Detail der chemischen Analyse auch etwas voneinander abweichen können. Mit anderen Worten: Eine Stahlgüte, die die Anforderungen eines Normsystems erfüllt, z. B. die der EN, erfüllt nicht zwangsläufig auch komplett die eines anderen Systems, z. B. ASTM oder JIS (IMOA/ISER-Dokumentation, 2022).

In der Stahlpraxis orientieren sich die Verbraucher von ferritischen Edelstählen vor allem an den Werkstoffnummern.

Chemische Zusammensetzungen und Sorten

2

2.1 Legierungselemente in nichtrostenden ferritischen Stählen

Die chemischen Elemente im Stahl haben Einfluss auf das Gefüge, die mechanischen und physikalischen Eigenschaften sowie auf die Korrosionsbeständigkeit. Durch eine spezielle Auswahl von und Balance zwischen den Legierungselementen können gezielt unterschiedliche Mischkristallgefüge eingestellt werden. So wirken Chrom und Molybdän wie auch Silizium, Niob und Titan stark Ferrit stabilisierend und sind deshalb die Hauptlegierungselemente in nichtrostenden ferritischen Stählen. Zur Sicherung der Korrosionsbeständigkeit muss ein Mindestgehalt von 10,5 Masse-% Chrom in der metallischen Matrix (im Kristallgitter gelöst) vorliegen. In der Fachliteratur werden Gehalte üblicherweise von 12 bis 13 Masse-% Chrom angegeben. Die Gehalte an Austenit stabilisierenden Elementen, z. B. Nickel, Mangan, Kohlenstoff und Stickstoff, werden dagegen sehr niedrig gehalten. Die besonders niedrigen Kohlenstoff- und Stickstoffgehalte bei Hochleistungsstählen (Superferrite) wirken sich positiv auf die Zähigkeitseigenschaften aus. Auch Nickel wird als zähigkeitsförderndes Element in sehr geringen Gehalten zulegiert (ISSF, 2007).

Um ein stabiles Ferritgefüge bei gleichzeitig gewünschter, definierter Korrosionsbeständigkeit zu erzielen, müssen bei der Stahlerzeugung metallurgisch die Legierungselemente angepasst bzw. austariert werden. Dieses Austarieren der Legierungsgehalte kann in der Praxis mithilfe des **Schaeffler-Diagramms** erfolgen. Es zeigt den Zusammenhang zwischen der chemischen Zusammensetzung und der dabei zu erwartenden Phasenbildung bei der Erstarrung, wie in Abb. 2.1 dargestellt. Dazu werden als *Chrom-Äquivalent* die Wirksamkeit der Ferrit bildenden Legierungselemente Chrom, Molybdän, Silizium, Niob und

Titan sowie als *Nickel-Äquivalent* die Wirksamkeit der Austenit bildenden Legierungselemente Nickel, Kohlenstoff, Mangan und Stickstoff berechnet und im Schaeffler-Diagramm als Ordinate und Abszisse gegenübergestellt (Schaeffler, 1949):

$$\text{Chrom - Äquivalent} = \% \text{ Cr} + 1{,}4 \% \text{ Mo} + 1{,}5 \% \text{ Si} + 0{,}5 \% \text{ Nb} + 2 \% \text{ Ti}$$

$$\text{Nickel - Äquivalent} = \% \text{ Ni} + 30 \% \text{ C} + 0{,}5 \% \text{ Mn} + 30 \% \text{ N}$$

Davon ausgehend weisen die heute erzeugten nichtrostenden ferritischen Stählen Gehalte an Legierungselementen in folgenden Bereichen auf (Angaben in Masse-%):

Kohlenstoff C: *0,02 bis 0,12 %*
Chrom Cr: *10,5 bis 29 %*

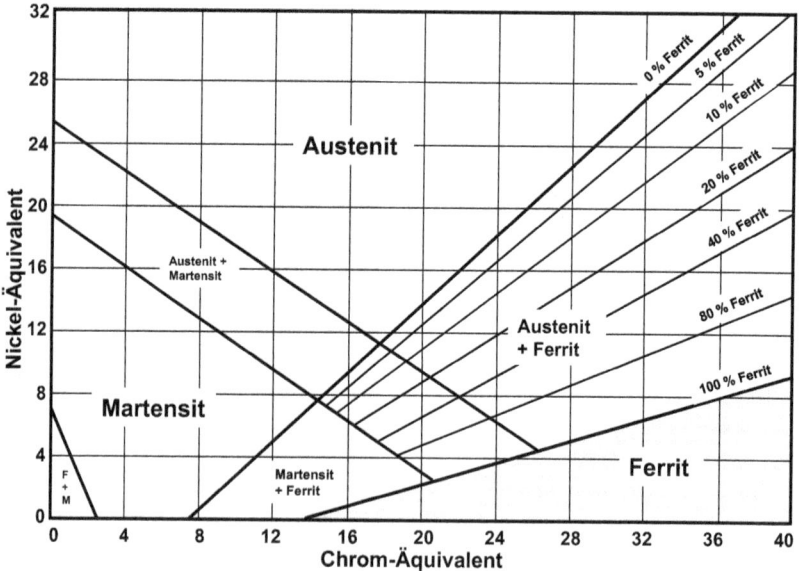

Abb. 2.1 Das Schaeffler-Diagramm: Einfluss der Legierungszusammensetzung auf das Phasengleichgewicht Austenit und Ferrit im Mikrogefüge

Mangan Mn: *0,10 bis 1,50 %*
Molybdän Mo: *bis 2,50 % (Mo-leg. Stähle)*
Nickel Ni: *nur bei wenigen Legierungen bis 1,00 %*
Titan Ti: *bis ≤ 0,80 %*
Niob Nb: *bis ≤ 1,20 %*
Aluminium Al: *bis ≤ 6,00 % (bei hitzebeständigen Legierungen)*
Stickstoff N: *≤ 0,030 %*

Die wichtigsten Legierungselemente in nichtrostenden ferritischen Stählen zeigen folgende Wirkungen (König & Klocke, 2008), (IMOA/ISER-Dokumentation, 2022), (Informationsstelle Edelstahl Rostfrei, 2022), (Wegst & Wegst, 2019):

Kohlenstoff (C)
Kohlenstoff stabilisiert und stärkt die austenitische Gitterstruktur. Gleichzeitig wirkt er sich unter bestimmten Bedingungen nachteilig auf die Korrosionsbeständigkeit aus. Deshalb werden die Kohlenstoffgehalte bei den nichtrostenden ferritischen Stählen auf unter 0,10 Masse-%, üblicherweise auf maximal 0,03 Masse-% beschränkt; bei höher legierten Sorten sogar auf max. 0,02 Masse-%.

Schwefel (S)
Der Schwefelgehalt ist üblicherweise limitiert auf max. 0,015, oft sogar auch auf max. 0,010 Masse-% bzw., wo es metallurgisch machbar ist, auf max. 0,005 Masse-%. Die Korrosionsbeständigkeit steht hierbei im Vordergrund und Schwefel verschlechtert diese. Und da Schwefel zur Bildung von Sulfiden, z. B. Mangansulfid, und dabei zu Seigerungen neigt, wird auch der Reinheitsgrad des Stahls verschlechtert. Andererseits verbessert Schwefel das Zerspanungsverhalten zum Beispiel beim Drehen und Fräsen. Die gebildeten Mangansulfide begünstigen die Schmierwirkung an der Werkzeugschneide und verursachen kurze Späne. Deshalb wird absichtlich Schwefel demjenigen Stahl zugegeben (bis ca. 0,35 Masse-%), der für die Automatenbearbeitung vorgesehen ist. Ein Beispiel hierfür ist der sehr gut spanbare ferritische Stahl 1.4105 (X6CrMoS17) mit einem definierten Schwefelgehalt von 0,15 bis 0,35 Masse-%.

Phosphor (P)
Phosphor wird als Stahlschädling betrachtet, der starke Seigerungen verursachen kann (Entmischung als Zu- oder Abnahme von bestimmten Elementen, die beim Übergang der Metallschmelze in den festen Zustand entsteht, somit zu lokalen Unterschieden der chemischen Zusammensetzung und unterschiedlichen Eigenschaften innerhalb eines Gussstückes führt.). Phosphor verschlechtert die

Warmumformbarkeit und begünstigt ebenso wie Schwefel die Heißrissbildung bei der Abkühlung von Schweißnähten. Deshalb wird der Phosphorgehalt auf das metallurgisch machbare Minimum begrenzt, wobei eine derartig tiefe Entphosphorung hochchromhaltiger Stahlschmelzen eine große metallurgische Herausforderung darstellt.

Silizium (Si)

Silizium ist wie Mangan ein Desoxidationselement und wird dem Stahl zum Abbinden des gelösten Sauerstoffs zugesetzt. Der Anteil der dabei gebildeten Oxideinschlüsse muss begrenzt bleiben, sollen keine nachteiligen Einflüsse auf die Oberflächenqualität und Polierbarkeit entstehen. Außerdem wirkt Silizium Ferrit stabilisierend. Übliche Gehalte an Silizium in ferritischen Stählen liegen unter 1,00 Masse-%.

Aluminium (Al)

Aluminium ist wegen seiner sehr starken chemischen Anziehung von Sauerstoff das stärkste und sehr häufig in der Stahlherstellung eingesetzte Desoxidationsmittel. Ähnlich wie Silizium wird deshalb Aluminium zum Abbinden des im Stahl gelösten Sauerstoffs zugegeben, üblicherweise bei ferritischen Stählen unter 0,1 Masse-%. Das Reaktionsprodukt Al_2O_3 geht in die Schlacke über.

Als Legierungselement bewirkt Aluminium bei den hitzebeständigen ferritischen Stählen eine Erhöhung der Zunderbeständigkeit, wie z. B. beim 1.4762 (X10CrAlSi25) mit 1,20 bis 1,70 Masse-% Al.

Chrom (Cr)

Als Ferritstabilisator engt Chrom das austenitische (Gamma-)Gebiet so stark ein, dass sich der Stahl beim Erwärmen nicht mehr in Austenit umwandelt, sondern ferritisch bleibt (Domke, 2001).

Chrom ist das wichtigste Legierungselement für nichtrostende Stähle. Jeder nichtrostende Stahl enthält Chrom, denn Chrom sichert die Korrosionsbeständigkeit durch die Bildung einer stabilen, passiven Schutzschicht, wenn mindestens 10,5 Masse-% zulegiert werden. Mit steigendem Chromgehalt steigt die Korrosionsbeständigkeit. Davon ausgehend weisen viele ferritische Edelstähle in der Regel mindestens 16 Masse-% Chrom auf (Standardsorten ca. 18 Masse-% und Hochleistungssorten 18 bis 28 Masse-%). Sehr hohe Chromgehalte führen außerdem zu einer erhöhten Hitze- und Zunderbeständigkeit ferritischer Stähle. Ein klassisches Beispiel hierfür ist der nichtrostende, ferritische, hitzebeständige Stahl 1.4767 (X8CrAl20-5) mit ca. 20 Masse-% Chrom.

Auch die Wirkungen der Legierungselemente Molybdän und Stickstoff im Zusammenspiel mit Chrom sind bei der Betrachtung der Korrosionsbeständigkeit zu beachten. Da sie entsprechend ihrer Gehalte das Korrosionsverhalten, insbesondere die Lochfraßbeständigkeit, unterschiedlich beeinflussen, wird hierzu als gängige Kennzahl die Wirksumme **PREN** (**P**itting **R**esistance **E**quivalent **N**umber) herangezogen (ISSF, 2007):

$$PREN = 1 \times \% \ Cr + 3{,}3 \times \% \ Mo + 16 \times \% \ N$$

Hierin:
Angabe der Gehalte an Chrom (Cr), Molybdän (Mo) und Stickstoff (N) in Masse-%.

Die Wirksumme PREN kann als Orientierung hinsichtlich einer Rangfolge der Loch- und auch Spaltkorrosionsbeständigkeit für ferritische Stähle in einer chloridhaltigen Umgebung dienen. Je höher der PREN-Wert, desto korrosionsbeständiger ist auch der ferritische Stahl. PREN-Werte oberhalb von 32 gelten für Meerwasserbeständigkeit.

Nickel (Ni)
Nickel ist ein starker Austenitbildner, fördert also die Bildung und Stabilisierung des kubisch-flächenzentrierten Kristallgitters Austenit. Dies ist die Hauptfunktion des Legierungselementes Nickel in austenitischen Stählen (IMOA/ISER-Dokumentation, 2022). In nichtrostenden ferritischen Stählen wird das Austenit stabilisierende Element Nickel sehr niedrig gehalten bzw. nicht zulegiert. Außerdem zeigt Nickel kaum eine Wirkung zur Verbesserung der Korrosionsbeständigkeit, insbesondere gegenüber Lochkorrosion in chloridhaltigen, wässrigen Medien. Deshalb wird Nickel auch nicht bei der Berechnung der genannten Wirksumme PREN berücksichtigt.

Mangan (Mn)
Mangan wird zur Desoxidation der Stahlschmelze zugegeben. Als MnO geht das Reaktionsprodukt in die Schlacke über. Deshalb gilt Mangan als Desoxidationsmittel, wird also nicht direkt als Legierungsmittel eingesetzt. Nur ein kleiner Rest der Menge des zugegebenen Desoxidationsmittels (üblicherweise < 1,0 Masse-%) verbleibt in der Stahlschmelze.

Molybdän (Mo)

Molybdän wirkt wie Chrom als Ferritbildner (siehe hierzu das genannte *Chrom-Äquivalent,* das die Wirksamkeit der ferritbildenden Legierungselemente Chrom, Molybdän, Silizium, Niob und Titan beschreibt). Molybdän verstärkt weiterhin die Wirkung von Chrom und Stickstoff hinsichtlich der Korrosionsbeständigkeit vor allem in chloridhaltigen Medien (siehe Wirksumme PREN). Diese Medien können elektrochemische Reaktionen an zerstörten (zerkratzten) Oberflächen des Stahls auslösen in Form von Loch- oder Spaltkorrosion. So entstehen Löcher oder Vertiefungen, oft in versteckten Spalten, denen entgegengewirkt werden muss.

Außerdem verbessert Molybdän die Beständigkeit gegenüber Spannungsrisskorrosion und erhöht die Warmfestigkeit.

Titan (Ti) und Niob (Nb)

Titan und Niob wirken als starke Karbidbildner, werden somit als Stabilisierungselemente zulegiert, da sie den Kohlenstoff binden. So wird die Neigung des Stahls zu korngrenzennahen Chromkarbidausscheidungen unterdrückt („stabilisierte" Stähle) und eine höhere Beständigkeit gegenüber interkristalliner Korrosion erreicht (Korngrenzenkorrosion durch Chromverarmung wegen des Ausscheidens von Chromkarbiden an den Korngrenzen). Sogenannte titan- bzw. niobstabilisierte ferritische Chrom-Stähle, wie z. B. 1.4510 (X3CrTi17) und 1.4511 (X3CrNb17), besitzen eine höhere Warmdehngrenze und Warmzugfestigkeit bei Anwendungstemperaturen von über 300°C im Vergleich zu nicht stabilisierten Stählen.

Außerdem wird durch Zugabe von geringen Mengen an Titan und Niob die Schweißbarkeit der Stähle verbessert.

Stickstoff (N)

Stickstoff verzögert die Bildung von Sekundärphasen und erhöht wie Chrom und Molybdän die Loch- und Spaltkorrosionsbeständigkeit. Deshalb weisen einige nichtrostende ferritische Spezialstähle, z. B. der 1.4521 (X2CrMoTi18-2), bis max. 0,03 Masse-% Stickstoff auf.

2.2   Sorten

Die nichtrostenden ferritischen Stähle mit ihren unterschiedlichen chemischen Zusammensetzungen, die sich an den jeweiligen Anwendungen orientieren, weisen auch unterschiedliche Kombinationen von Korrosionsbeständigkeit, Umformbarkeit, Schweißbarkeit, Zähigkeit und speziellen physikalischen Eigenschaften auf. Diese zu unterscheiden und zu sortieren, kann in unterschiedlicher Art und

Weise nach den chemischen Zusammensetzungen und den Anwendungsbereichen erfolgen. Hierzu zeigt die Abb. 2.2 eine Übersicht der chemischen Zusammensetzungen für gebräuchliche nichtrostende ferritische Stähle, geordnet nach aufsteigenden Werkstoffnummern und Legierungstypen. Weitere Informationen zu diesen Stählen enthalten die Datenblätter im Kap. 6: *Werkstoffdaten*.

Üblich ist auf dem Markt auch die Unterscheidung in nichtrostende ferritische Standardstähle und Spezialstähle. Diese beiden Hauptgruppen können in fünf Untergruppen wie folgt unterteilt werden (ISSF, 2007):

Nichtrostende ferritische Standardstähle

- *Gruppe 1 (10 bis 14 Masse-% Chrom):*
  Beispiele: 1.4000 (X6Cr13), 1.4002 (X6CrAl13), 1.4003 (X2CrNi12), 1.4512 (X2CrTi12), 1.4724 (X10CrAlSi13)
- *Gruppe 2 (14 bis 18 Masse-% Chrom):*
  Beispiel: 1.4016 (X6Cr17)
- *Gruppe 3 (14 bis 18 Masse-% Chrom, stabilisiert):*
  Beispiele: 1.4509 (X2CrTiNb18), 1.4510 (X3CrTi17)

Nichtrostende ferritische Spezialstähle

- *Gruppe 4 (mit Zusatz von Molybdän):*
  Beispiele: 1.4113 (X6CrMo17-1), 1.4513 (X2CrMoTi17-1), 1.4521 (X2CrMoTi18-2), 1.4522 (X2CrMoNb18-2), 1.4523 (X2CrMoTiS18-2), 1.4526 (X2CrMoNb17-1)
- *Gruppe 5 (Sonstige Spezialstähle – hitzebeständig):*
  Beispiele:1.4742 (X10CrAlSi18), 1.4762 (X10CrAlSi25), 1.4763 (X8Cr24)

An dieser Stelle muss auf die Heizleiterwerkstoffe hingewiesen werden. Ein Heizleiter verfügt über einen sehr hohen spezifischen elektrischen Widerstand. Dadurch kann elektrische Leistung in Wärme umgewandelt werden. Typische ferritische Heizleiter sind die Chrom-Aluminium-Legierungen wie z. B. 1.4725 (X8CrAl14-4), 1.4765 (X8CrAl25-5) und 1.4767 (X8CrAl20-5). Da die Heizleiter sowohl legierungstechnisch als auch hinsichtlich der Anwendungen eine besondere, eigenständige Werkstoffgruppe darstellen, werden sie in diesem *Essential* nicht weiter behandelt. Dieser Werkstoffgruppe gebührt ein gesondertes *Essential*.

W.-Nr. *	DIN	AISI	Richtanalyse** (in Masse-%)								
			C	Si	Mn	P	S	Cr	Mo	Ni	Sonstige
Nichtrostende ferritische Stähle mit < 2,5 Masse-% Ni, ohne Mo, Nb und Ti											
1.4000*	X6Cr13	403	≤0,08	≤1,00	≤1,00	≤0,040	≤0,015	12,0-14,0	-	-	-
1.4002*	X6CrAl13	405	≤0,08	≤1,00	≤1,00	≤0,040	≤0,015	12,0-14,0	-	-	Al 0,10-0,30
1.4003*	X2CrNi12		≤0,03	≤1,00	≤1,50	≤0,040	≤0,015	10,5-12,5	-	0,30-1,00	N ≤0,030
1.4016*	X6Cr17	430	≤0,08	≤1,00	≤1,00	≤0,040	≤0,040	16,0-18,0	-	-	-
Nichtrostende ferritische Stähle mit < 2,5 Masse-% Ni, mit Mo, ohne Nb und Ti											
1.4105*	X6CrMoS17	430F	≤0,08	≤1,50	≤1,50	≤0,040	0,15-0,35	16,0-18,0	0,20-0,60	-	-
1.4106	X2CrMoSiS18-2-1		≤0,03	≤2,00	≤1,00	≤0,040	0,25-0,35	17,0-19,0	1,50-2,50	-	N ≤0,04
1.4113*	X6CrMo17-1	434	≤0,08	≤1,00	≤1,00	≤0,040	≤0,015	16,0-18,0	0,90-1,40	-	-
Nichtrostende ferritische Stähle mit Sonderzusätzen (z. B. Ti, Nb)											
1.4509*	X2CrTiNb18	441	≤0,03	≤1,00	≤1,00	≤0,040	≤0,015	17,5-18,5	-	-	Ti 0,10-0,60 / Nb 3xC+0,30-1,00
1.4510*	X3CrTi17	439	≤0,05	≤1,00	≤1,00	≤0,040	≤0,015	16,0-18,0	-	-	Ti 4x(C+N)+0,15≤0,80
1.4511*	X3CrNb17	430Nb	≤0,05	≤1,00	≤1,00	≤0,040	≤0,015	16,0-18,0	-	-	Nb 12xC-1,00
1.4512*	X2CrTi12	409	≤0,03	≤1,00	≤1,00	≤0,040	≤0,015	10,5-12,5	-	-	Ti 6x(C+N)≤0,65
1.4513*	X2CrMoTi17-1	436	≤0,025	≤1,00	≤1,00	≤0,040	≤0,015	16,0-18,0	0,80-1,40	-	Ti 0,30-0,60 / N ≤0,02
1.4520	X2CrTi17	430Ti	≤0,025	≤0,50	≤0,50	≤0,040	≤0,015	16,0-18,0	-	-	Ti 0,30-0,60 / N ≤0,015
1.4521*	X2CrMoTi18-2	444	≤0,025	≤1,00	≤1,00	≤0,040	≤0,015	17,0-20,0	1,80-2,50	-	N ≤0,030 / Ti 4x(C+N)+0,15≤0,80
1.4522	X2CrMoNb18-2	443	≤0,025	≤1,00	≤1,00	≤0,040	≤0,015	17,0-19,0	1,80-2,30	≤0,25	Nb ≥15(C+N)≤1,20
1.4523	X2CrMoTiS18-2	444 FR	≤0,03	≤1,00	≤0,50	≤0,040	0,15-0,35	17,5-19,0	2,00-2,50	-	Ti 0,30-0,80
1.4526	X2CrMoNb17-1	436	≤0,08	≤1,00	≤1,00	≤0,040	≤0,015	16,0-18,0	0,80-1,40	-	Nb 7x(C+N)+0,1≤1,00 / N ≤0,04
Nichtrostende, hitzebeständige, ferritische Stähle mit < 2,5 Masse-% Ni, mit Al legiert und mit N-Zusatz											
1.4724*	X10CrAlSi13	405	≤0,12	0,70-1,40	≤1,00	≤0,040	≤0,015	12,0-14,0	-	-	Al 0,70-1,20
1.4725	X8CrAl14-4		≤0,10	≤0,50	≤1,00	≤0,045	≤0,030	13,0-15,0	-	-	Al 3,50-5,00
1.4742*	X10CrAlSi18	442	≤0,12	0,70-1,40	≤1,00	≤0,040	≤0,015	17,0-19,0	-	-	Al 0,70-1,20
1.4749*	X18CrN28	446-1	0,15-0,20	≤1,00	≤1,00	≤0,040	≤0,015	25,0-29,0	-	-	N 0,15-0,25
1.4762*	X10CrAlSi25	446	≤0,12	0,70-1,40	≤1,00	≤0,040	≤0,015	23,0-26,0	-	-	Al 1,20-1,70
1.4763	X8Cr24		≤0,10	≤1,00	≤1,00	≤0,035	≤0,015	23,0-26,0	-	-	N ≤0,025
1.4765	X8CrAl25-5		≤0,10	≤1,00	≤0,60	≤0,045	≤0,030	22,0-25,0	-	-	Al 4,50-6,00
1.4767	X8CrAl20-5		≤0,10	≤0,10	≤0,10	≤0,045	≤0,030	19,0-22,0	-	-	Al 4,00-5,50

* Stahlgüte mit Datenblatt (siehe Pkt. 6: *Werkstoffdaten*)

** Hinweis: Die chemischen Zusammensetzungen nach EN und ASTM können etwas voneinader abweichen.

Abb. 2.2 Übersicht zur chemischen Zusammensetzung gebräuchlicher nichtrostender ferritischer Stähle

Gefüge und Eigenschaften

Ferritische Stähle besitzen eine Mikrostruktur aus ferritischen Körnern (Mischkristallen), bestehen also aus kubisch-raumzentrierten Würfelgittern (α-Eisen). Sie weisen keine Ferrit-Austenit-Umwandlung auf. Die Abb. 3.1 zeigt hierzu eine typische ferritische Gefügestruktur.

Die nichtrostenden ferritischen Stähle zählen heute neben den austenitischen Stählen (Schlegel, 2023) zur zweiten großen Gruppe der nichtrostenden Stähle.

Es ist naheliegend, die Eigenschaften der ferritischen Chrom-Stähle mit denen der austenitischen Chrom-Nickel-Stähle zu vergleichen. Nach (ISSF, 2007) sind folgende Eigenschaften nichtrostender ferritischer Stähle in der Praxis allgemein von Bedeutung:

- Ferritische Stähle sind magnetisch.
- Ferritische Stähle weisen eine geringere Wärmeausdehnung auf als austenitische Stähle.
- Ferritische Stähle haben eine hohe Wärmeleitfähigkeit; leiten dadurch die Wärme gleichmäßiger als austenitische Stähle.
- Ferritische Stähle besitzen eine ausgezeichnete Hochtemperaturoxidationsbeständigkeit. Sie verzundern weniger stark als austenitische Stähle.
- Mit Niob stabilisierte ferritische Stähle haben eine sehr hohe Kriechfestigkeit. Sie werden dadurch bei einer Langzeitbelastung weniger verformt als austenitische Stähle.
- Ferritische Stähle lassen sich leichter zerspanen und bearbeiten als austenitische Stähle (Letztere erfordern stärkere Maschinen und Spezialwerkzeuge, die schneller verschleißen).

J. Schlegel, *Nichtrostender ferritischer Stahl*, essentials, https://doi.org/10.1007/978-3-658-47865-0_3

Abb. 3.1 Typisches
Gefüge eines
nichtrostenden ferritischen
Stahls (Schliffbild: BGH
Edelstahlwerke GmbH)

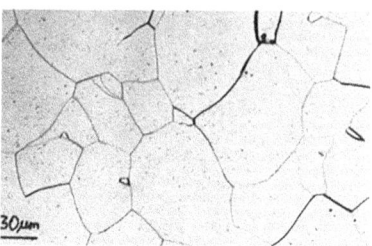

- Ferritische Stähle neigen bei einer Kaltumformung, z. B. durch Biegen, spürbar weniger zu einem Rückfedern als austenitische Stähle.
- Ferritische Stähle besitzen, in etwa vergleichbar mit üblichen Kohlenstoff-Stählen, eine höhere Streckgrenze als austenitische Stähle (z. B. im Vergleich zu 1.4301 – X5CrNi18-10).
- Im Allgemeinen weisen die ferritischen Stähle gute Schweißeigenschaften auf, die jedoch nicht so gut sind wie die der austenitischen Stähle. Durch Stabilisierung mit Zugabe von Niob und/oder Titan kann die Schweißbarkeit verbessert werden.
- Ferritische Stähle sind nicht anfällig für Spannungsrisskorrosion und zeigen eine mittlere Gesamtkorrosionsbeständigkeit.

Korrosionsbeständigkeit

Saure, alkalische, oxidierende, organische und anorganische Lösungen, also Säuren und Laugen, Chloride, Fluoride, Verunreinigungen, Temperatur- und Druckänderungen u. a. Faktoren können „werkstoffzerstörend" wirken. Man unterscheidet dabei mechanische, chemische und elektrochemische, auch thermische Abnutzung bzw. Überbeanspruchung des Werkstoffes Stahl bei der Anwendung. Davon ausgehend werden die entsprechenden Korrosionsarten unterschieden, wie:

- *Flächenkorrosion* (gleichmäßiger Flächenabtrag vor allem durch starke Säuren, heiße alkalische und andere Medien in der chemischen Industrie)
- *Loch- und Spaltkorrosion* (lokale Korrosion, die zu Löchern, Vertiefungen und Aushöhlungen im Bauteil führt und bevorzugt in unsichtbaren Spalten auftritt.)
- *Spannungsrisskorrosion* (Werkstoff ist gleichzeitig korrosiver Umgebung und Spannung, vorwiegend Zugspannung, ausgesetzt, wodurch lokales Versagen durch Risse entstehen kann.)
- *Ermüdungskorrosion* (Korrosion an Werkstoffen, die gleichzeitig Wechselbelastungen ausgesetzt sind, wodurch die Dauerfestigkeit sinkt.)

- *Abrasionskorrosion* (Korrosion unter sauren und basischen Medien mit reibend wirkenden Partikeln, vor allem im Bergbau, Ölsandabbau, in der Hydrometallurgie und bei der Wasserbehandlung)

Auf Details zu diesen Korrosionsarten und den dazu passenden korrosionsbeständigen ferritischen Stählen kann im Rahmen dieses *Essentials* nicht eingegangen werden. Weiterführende Informationen hierzu finden sich z. B. in (ISSF, 2007) und (IMOA/ISER-Dokumentation, 2022).

Die Fähigkeit, „selbstheilend" auf Verletzungen der Oberfläche zu reagieren und sie auszuheilen, ist die besondere Eigenschaft korrosionsbeständiger Stähle. Werden sie einer korrosiven Umgebung ausgesetzt (feuchte Luft, chemische Dämpfe, Salzwasser) oder wird eine mechanische Beschädigung an der Oberfläche verursacht (Kratzer, Schleifspuren), dann rosten sie nicht. Es entsteht an der Oberfläche eine dünne, unsichtbare Chromoxidschicht, die eine weitere Oxidation verhindert. Die Passivierung ist perfekt. Diese Korrosionsbeständigkeit gilt als ein wichtiges Einsatzkriterium auch für die nichtrostenden ferritischen Stähle. Dabei spielen einige Faktoren zur Korrosionsvorbeugung eine große Rolle wie saubere, glatte und vorpassivierte Oberflächen, höherer Chromgehalt, oxidierende Bedingungen und Zulegieren von Molybdän. Gute, häufig auch ausreichende Korrosionsbeständigkeit bieten die ferritischen Standardqualitäten. Höchste Korrosionsbeständigkeit auch gegenüber verschiedenen Korrosionsarten erreichen die ferritischen Hochleistungs- bzw. Spezialstähle.

Insbesondere zur Abschätzung der Beständigkeit gegen Loch- und Spaltkorrosion unter Berücksichtigung der Legierungszusammensetzung der ferritischen Stähle kann die beschriebene Wirksumme **PREN** herangezogen werden. Für ausgewählte nichtrostende ferritische Stähle sind die mittleren PREN-Werte gemäß der Formel

$$PREN = 1 \text{ x } \% \text{ Cr} + 3,3 \text{ x } \% \text{ Mo} + 16 \text{ x } \% \text{ N}$$

in den Datenblättern unter **Punkt 6:** *Werkstoffdaten* eingetragen.

Interessant ist hierzu der Vergleich der PREN-Werte von nichtrostenden ferritischen und austenitischen Stählen gemäß Abb. 3.2. Es ist erkennbar, dass für jede austenitische auch eine ferritische Stahlgüte mit vergleichbarer Korrosionsbeständigkeit auf dem Markt verfügbar ist.

In der grafischen Darstellung der Abb. 3.3 finden sich einige ferritische Stähle, eingeordnet nach ihrer Korrosionsbeständigkeit unter Berücksichtigung auch der Stückkosten. Diese vereinfachte Grafik ermöglicht eine gute Orientierung zur anwendungsbezogenen Stahlauswahl.

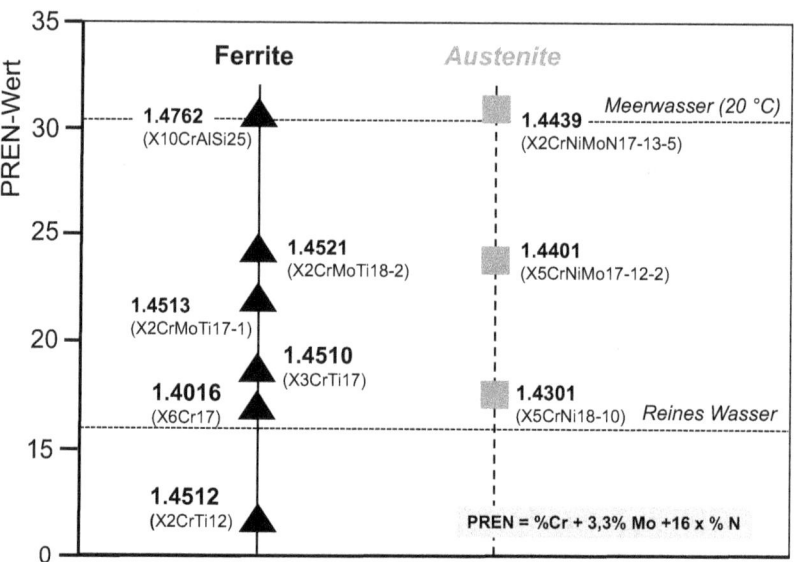

Abb. 3.2 Vergleich der PREN-Werte von nichtrostenden ferritischen und austenitischen Stählen. (Quelle: ISSF, 2007, S. 22)

Mechanische Eigenschaften

Diese werden beurteilt anhand des Verhaltens des Stahls unter Belastungen wie Druck, Zug, Biegen, Ritzen, Einbeulen, Tordieren, Tiefen u. a. Die üblichen und am häufigsten betrachteten Kriterien sind dabei:

- *Festigkeit* (Widerstandsfähigkeit gegen Verformung, gekennzeichnet durch Fließ- oder Streckgrenze sowie Zugfestigkeit)
- *Härte* (Widerstandsfähigkeit gegen ein Eindringen durch eine aufgebrachte Last)
- *Zähigkeit* (Fähigkeit, Umformenergie aufzunehmen, ohne dabei eine Schädigung zu erfahren, z. B. zu reißen)

Nichtrostende ferritische Stähle punkten mit guten mechanischen Eigenschaften. Sie haben im Vergleich zu den austenitischen Stählen etwas höhere Streckgrenzen. Mit mittleren, mäßig hohen Fließgrenzen, Zugfestigkeiten und hohen Bruchdehnungswerten sind die nichtrostenden ferritischen Stähle gut formbar, z. B.

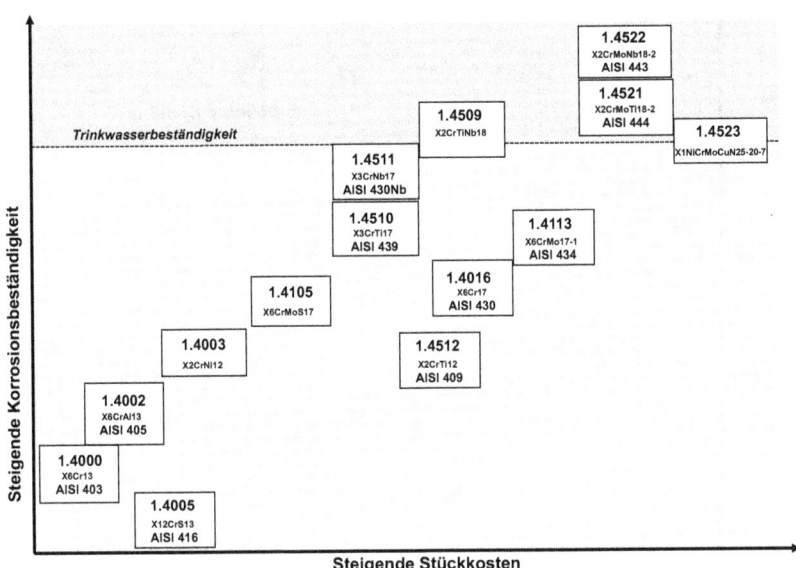

Abb. 3.3 Einordnung ferritischer Stähle nach Korrosionsbeständigkeit und Stückkosten. (Quelle: Schematischer „Stammbaum" der ferritischen rostfreien Stähle, DEW, www.dewstahl.com)

durch Kaltwalzen und Tiefziehen. Die Dehnungs- und Umformeigenschaften entsprechen denen von Kohlenstoffstählen. Die in Zugversuchen aufgenommenen Spannungs-Dehnungs-Kurven zeigen diese Unterschiede, siehe Abb. 3.4.

Im Vergleich zum austenitischen Standardstahl (z. B. 1.4301- X5CrNi18-10) nachfolgend für einige ausgewählte ferritische Stähle Werte für die Fließgrenze $R_{p0,2}$, Zugfestigkeiten R_m und Bruchdehnungen A_{80} im kaltverfestigten (kaltgewalzten) Zustand (ISSF, 2007, Seite 28), Abb. 3.5.

Physikalische Eigenschaften

- *Dichte (g/cm^3)*
- *Spezifische Wärmekapazität c (J/kg·K)*
- *Wärmeleitfähigkeit λ (W/m·K)*
- *Elektrischer Widerstand R ($\Omega \cdot mm^2/m$)*
- *Magnetisierbarkeit*

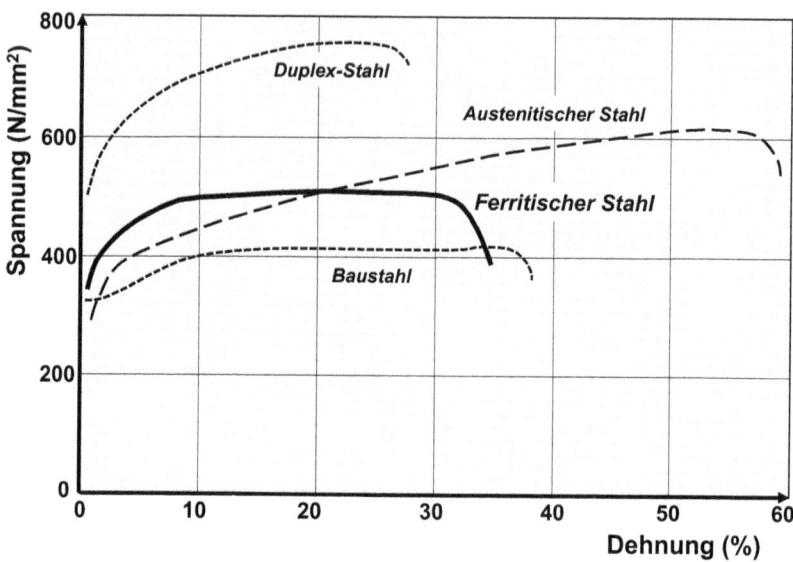

Abb. 3.4 Typische Spannungs-Dehnungs-Kurven für ferritischen Stahl im Vergleich zu einem austenitischen Stahl, Duplexstahl und Baustahl. (*Quelle:* SCI-Publication, 2017, Abb. 2.2)

Stahl		Streckgrenze $R_{p0,2}$	Zugfestigkeit R_m	Bruchdehnung A_{80}
		N/mm²	N/mm²	%
1.4301	X5CrNi18-10	230	540 - 750	45
1.4003	X2CrNi12	320	450 - 650	20
1.4016	X6Cr17	280	450 - 600	18
1.4113	X6CrMo17-1	280	450 - 630	18
1.4509	X2CrTiNb18	250	430 - 630	18
1.4512	X2CrTi12	220	380 - 560	25
1.4520	X2CrTi17	200	380 - 530	25

Abb. 3.5 Typische mechanische Eigenschaften im kaltgewalzten Zustand für einige ferritische Stähle im Vergleich zum austenitischen Standardstahl 1.4301 – X5CrNi18-10 gemäß EN 10088-2

Den Werkstoffdatenblättern unter Kap. 6 sind physikalische Kennwerte für ausgewählte nichtrostende ferritische Stähle zu entnehmen.

Die nichtrostenden ferritischen Stähle sind magnetisch, was zum Beispiel für das Induktionskochen vorteilhaft ist.

Hinsichtlich der beiden Eigenschaften Wärmeausdehnung und Wärmeleitfähigkeit sind die nichtrostenden ferritischen Stähle nichtrostenden austenitischen Stählen überlegen.

Die Wärmeleitfähigkeit ist sehr hoch, sodass ferritische Stähle die Wärme sehr wirksam verteilen können (wichtig für die Anwendung in Bügeleisen und Wärmetauschern). Der Wärmeausdehnungskoeffizient ferritischer Stähle ist vergleichbar mit dem von Kohlenstoffstählen und kleiner als der von austenitischen Stählen. Bei Erwärmung tritt deshalb bei ferritischen Stählen ein weniger starker Verzug auf.

Technologische Eigenschaften

- *Formbarkeit* (Plastizität – Fähigkeit, sich plastisch ohne Schädigung zu verformen)
- *Schweißbarkeit* (Eignung des Stahls für bestimmte Schweißverfahren)
- *Zerspanbarkeit* (Eignung des Stahls, sich spanend z. B. durch Drehen, Fräsen, Bohren bearbeiten zu lassen)

Die *Formbarkeit* nichtrostender austenitischer Stähle ist generell zwar besser als die von nichtrostenden ferritischen Stählen, jedoch sind Kaltumformprozesse mit Zug- und Druckbelastungen durch Streck- und Tiefziehprozesse auch bei ferritischen Stählen gut durchführbar. Insbesondere die mit Titan stabilisierten ferritischen Stähle mit ca. 17 Masse-% Chrom besitzen ausgezeichnete Tiefzieheigenschaften.

Das Kaltverfestigungs- und Dehnungsverhalten ferritischer Stähle ist vergleichbar mit denen hochfester Kohlenstoffstähle (ISSF, 2007). Die Abb. 3.6 zeigt hierzu als Beispiel das Verfestigungsverhalten vom nichtrostenden ferritischen Stahl 1.4003 (X2CrNi12) in Abhängigkeit vom Kaltumformgrad beim Ziehen.

Generell sind nichtrostende ferritische Stähle wie alle nichtrostenden Stähle gut geeignet für übliche *Fügeverfahren* wie Schweißen (Lichtbogenschweißen, Widerstandsschweißen, Elektronenstrahl- und Laserstrahlschweißen), Weichlöten, Hartlöten, mechanisches Verbinden (Verschrauben, Nieten, Clinchen, Falzen) und Kleben. Nichtrostende ferritische Stähle sind fast durchweg weniger anfällig für durch Schweißen verursachte interkristalline Korrosion. Von Vorteil für das Schweißen sind außerdem die geringere Wärmeausdehnung, der geringere elektrische Widerstand sowie die höhere Wärmeleitfähigkeit von ferritischen Stählen (ISSF, 2007). Darüber hinaus sind die durch die starken Karbidbildner Titan (Ti)

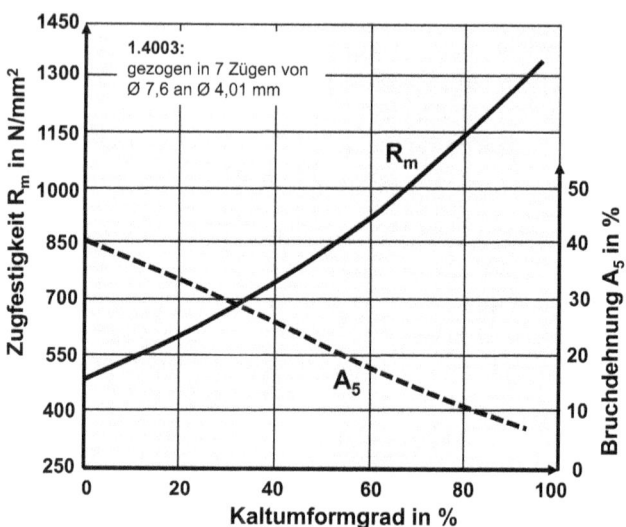

Abb. 3.6 Beispiel für das Kaltverfestigungsverhalten von 1.4003 (X2CrNi12) beim Ziehen gemäß Datenblatt DEW Corrodur 4003, S. 5

und Niob (Nb) stabilisierten ferritischen Stähle besonders „geschützt" gegen eine interkristalline Korrosion, da während des Schweißvorganges die Elemente Titan und Niob den Kohlenstoff binden und so vermeiden, dass dieser sich mit Chrom zu Chromkarbid verbindet. Die Folge wäre ja eine Chromverarmung an den Korngrenzen, was die interkristalline Korrosion fördern würde, da dort Chrom als Korrosionshemmer fehlt.

Die *Zerspanbarkeit* als eine weitere wichtige fertigungstechnische Eigenschaft beschreibt im allgemeinen die Eignung des Stahls, sich spanend bearbeiten zu lassen. Bei den nichtrostenden ferritischen Stählen muss dabei die ferritische Phase im Gefüge (kubisch-raumzentriertes Gitter) beachtet werden. Dieses Gitter hat eine nur geringe Löslichkeit von Kohlenstoff (max. 0,05 Masse-%) und somit die geringste Härte (80 bis 90 HV) und auch Zugfestigkeit (200 bis 300 N/mm^2) aller Gefügebestandteile von Stahl. Die Bruchdehnung liegt erwartungsgemäß sehr hoch bei 70 bis 80 %. Somit sind die Zerspanungskräfte und auch der Werkzeugverschleiß gering, jedoch verursacht die hohe Verformungsfähigkeit des ferritischen Gefüges lange Band- und Wirrspäne bei der Zerspanung. Diese sind in der Fertigung unerwünscht, denn sie können sich in den Bearbeitungsmaschinen verfangen und zur Minderung der Oberflächenqualität am Produkt führen. Auch ein Verkleben bzw. Schmieren an der Schneide (Entstehen sogenannter Aufbauschneiden) ist zu beachten (Schönherr, 2002). Viele Stahlerzeuger und auch Händler geben ihren Kunden Empfehlungen zur spanenden Bearbeitung (Gestaltung der Werkzeuge, Spanparamater) von nicht-rostendem ferritischen Halbzeug (z. B. Bleche, Bänder, Profile, Rohre, Stäbe und Draht).

Die Herstellung der nichtrostenden ferritischen Stähle und der daraus gefertigten Produkte ist vergleichbar mit der Erzeugung austenitischer Stähle. Die Fertigungsschritte umfassen die schmelzmetallurgische Erzeugung im Elektrostahlwerk (Erschmelzen, Feinen, Gießen), das Warmumformen (Schmieden, Walzen) zu Halbzeug sowie die Weiterverarbeitung zu den Fertigprodukten (Wärmebehandeln, Kaltumformen, mechanisches Bearbeiten, Oberflächenveredeln).

Schmelzen
Moderne Elektrostahlwerke arbeiten heute mit Lichtbogenöfen bei Chargengrößen bis zu 200 t. Im Lichtbogenofen **(LBO)** bildet der Strom (meist Drehstrom) einen Lichtbogen (vergleichbar mit dem Elektrohandschweißen) zwischen den stromführenden Graphitelektroden und dem Schrotteinsatz. Dieser Lichtbogen schmilzt den Schrott durch die thermische Strahlung auf. Danach erfolgt der Abguss der Schmelzcharge (Rohstahl) in eine vorgewärmte Pfanne. Zur Einstellung eines stabilen ferritischen Gefüges muss der Rohstahl schon mit engen Analysengrenzen der Legierungselemente im Lichtbogenofen erzeugt werden, z. B. durch Auswahl und Einsatz von sortenreinem Schrott. In nachgeschalteten sekundärmetallurgischen Anlagen wird das weitere „Feinen" des noch flüssigen Rohstahls vorgenommen: Zulegieren bestimmter Legierungselemente (z. B. Aluminium, Niob und Titan), Senkung des Kohlenstoff- und Schwefelgehaltes bzw. Einstellung definierter Schwefelgehalte, Homogenisierung der Schmelze, Einstellung der Gießtemperatur. Hierzu kommen AOD- und VOD-Konverter zum Einsatz:

J. Schlegel, *Nichtrostender ferritischer Stahl*, essentials, https://doi.org/10.1007/978-3-658-47865-0_4

- **AOD:** Argon-Oxygen-Decarburization, Entkohlen mit Argon-Sauerstoff-Gemisch.
- **VOD:** Vacuum-Oxygen-Decarburization, Entkohlen unter Vakuum mit Sauerstoff.

Nach Abschluss dieser Feinbehandlung, üblicherweise auch „Pfannenmetallurgie" oder „sekundärmetallurgische Behandlung" genannt (Burghardt & Neuhof, 1982), wird die fertige Stahlschmelze zu Blöcken oder als Strangguss (Horizontal-, Kreisbogen- oder Vertikalstrangguss) vergossen. Für spezielle Anforderungen hinsichtlich höchster Reinheitsgrade und Homogenität (Reduzierung von Seigerungen, also von Entmischungen im Gussgefüge) kann ein Umschmelzen erforderlich werden. Elektro-Schlacke-Umschmelzanlagen (**ESU**) oder Vakuum-Lichtbogen-Öfen (**VLBO** bzw. engl. VAR) kommen zum Einsatz, um den bereits erschmolzenen, sekundärmetallurgisch behandelten und abgegossenen Stahl einem weiteren Reinigungsprozess zu unterziehen.

Umformen
Es ist die bewusst vorgenommene geometrische Änderung einer bereits vorhandenen Roh- oder Werkstückform in eine neue Form ohne Volumenänderung. Dieses Umformen erfolgt bei nichtrostendem ferritischen Stahl nach dem Gießen und Erstarren vorzugsweise in einem Temperaturbereich von 750 bis 1050°C als Warmumformen durch Schmieden und/oder Walzen der Gussblöcke zu Halbzeug (Rund, Profil, Breit-Flach).

Als Warmwalzwerke werden hierzu sogenannte Block-Walzwerke verwendet. In deren Walzgerüsten sind je zwei Walzen gelagert, wobei meist die Oberwalze „anstellbar" ist. Diese Walze kann so in der Höhe verstellt werden, dass gezielt ein gewünschter Walzspalt einstellbar und somit bei jedem Walzvorgang eine Querschnittsabnahme des Walzblockes erreicht wird.

Um abmessungsnah die Vorformen für die Endprodukte zu erhalten, kommen nach dem Warmumformen Kaltumformprozesse zur Anwendung (Walzen von Rund, Profilen, Rohren, Blechen, Bändern, Ziehen von Stabstahl und Draht). Da die nichtrostenden ferritischen Stähle hauptsächlich für Endprodukte wie z. B. Waschmaschinentrommeln, Spülbecken, Töpfe, Wasserkocher, Auspuffanlagen u. v. a. m., also für Tiefziehprodukte sowie für flache Industrie- und Architekturteile Anwendung finden (siehe Kap. 5: *Anwendungen*), hat die Erzeugung von Kaltband und Blechen als Vormaterial eine besondere Bedeutung. Hierzu verarbeiten Kaltwalzwerke heute warm vorgewalztes Stahlband zu noch dünnerem Kaltband mit Dicken unter 1 mm. Diese Kaltwalzwerke bestehen aus Einzel-Reversiergerüsten oder aus sogenannten Tandemwalzstraßen mit 4 bis 6 hintereinander gereihten Quarto-Walzgerüsten (Vierwalzengerüste). Eine Besonderheit sind die Vielwalzengerüste, die vorwiegend für nichtrostende Edelstähle eingesetzt werden. Die bekannteste Bauart ist das Sendzimir-Walzgerüst mit 20 Walzen (zwei davon im Durchmesser sehr kleine Arbeitswalzen und 18 Stützwalzen), benannt nach dem Erfinder *Tadeusz Sendzimir* (1894–1989). Nach dem Walzdurchgang wird das fertige Kaltband zu einem Coil aufgewickelt. Je nach Weiterverarbeitung kann ein Längsteilen zu Schmalbändern oder ein Querteilen zu Blechen erfolgen.

In Abhängigkeit von der Produktform werden nach dem Kaltwalzen weitere Kaltformgebungsverfahren eingesetzt wie Biegen, Abkanten, Falzen, Rundwalzen, Rollformen, Tiefziehen, Drücken, Kaltstauchen oder auch Innenhochdruckumformmen.

Wärmebehandeln

- Rekristallisationsglühen bei 550 bis 700 °C:
  Die Bezeichnung Rekristallisationsglühen bezeichnet ein Glühen bei einem Temperaturbereich, wo eine Rekristallisation stattfindet. Rekristallisation bedeutet Kornneubildung, somit die Entfestigung des kalt durch Walzen, Ziehen oder Pressen umgeformten und stark verfestigten Stahls. Deshalb wird das Rekristallisationsglühen zwischen einzelnen Kaltumformschritten und auch danach durchgeführt. Hierbei verliert der Stahl an Sprödigkeit und wird wieder zäh und für den nächsten Umformschritt gut umformbar. Der Gefügezustand vor einer Kaltumformung ist nun wieder hergestellt, wobei keine Gefügeumwandlung erfolgt ist.
- Weichglühen bei 750 bis 850 °C:
  Wie es schon die Bezeichnung Weichglühen ausdrückt, soll durch dieses Glühverfahren ein weiches, gut umformbares Gefüge erreicht werden. Dabei erfolgt die Erniedrigung der Härte (Sprödigkeit) durch ein Ausheilen von Defekten, wie Versetzungen. Auch Spannungen im Stahl werden abgebaut.
- Spannungsarmglühen bei 550 bis 650 °C:
  Während des Umformens, insbesondere beim Kaltumformen und auch beim Schweißen können innere Spannungen im Bauteil entstehen. Diese können die Ursache für Verzug sein und eventuell auch ein Risiko für Spannungsrisskorrosion darstellen. Ein *Spannungsarmglühen* bei wesentlich niedrigeren Temperaturen im Vergleich zum Weichglühen bewirkt hierzu einen Spannungsabbau. Ein Spannungsabbau von Teilen kann auch schon bei Temperaturen im Bereich von 230 bis 370 °C erfolgen (Shane, 2023).

Ferritische Stähle zeigen keine Phasenumwandlung beim Erwärmen und Abkühlen. Ein Wärmebehandlungsprozess kann also nicht für die Einstellung bestimmter mechanischer Eigenschaften genutzt werden. Deshalb besteht das Hauptziel einer Wärmebehandlung nichtrostender ferritischer Stähle darin, die Beständigkeit gegen interkristalline Korrosion zu erhöhen, die Sprödigkeit (Verfestigung durch Umformen) zu verringern und die Kornstruktur zu verfeinern *(Rekristallisationsglühen, Weichglühen)* oder auch innere Spannungen abzubauen *(Spannungsarmglühen)*.

Unter kontrollierten Bedingungen bei der Erwärmung, beim Halten auf Glühtemperatur und bei der Abkühlung, angepasst an die Legierungszusammensetzungen, werden die Vorprodukte (Bleche, Bänder, Stäbe, Profile, Rohre, Draht) wärmebehandelt. Zu beachten ist die bei ferritischen Stählen auftretende Neigung zur sogenannten σ-Phasen-Sprödigkeit. Diese entsteht durch die Bildung einer harten Chrom-reichen Verbindung im Gefüge, wenn die Elemente Chrom, Silizium, Mangan und Molybdän zugegen sind und der Stahl auf Temperaturen zwischen 540 und 815°C erhitzt wird. Interessant ist dabei, dass die Bildung dieser σ-Phase reversibel ist, d. h. bei einer Wiedererwärmung oberhalb der Entstehungstemperatur wird diese σ-Phase wieder aufgelöst (Shane, 2023).

Daneben zeigen die nichtrostenden ferritischen Stähle eine Sprödigkeit bei 475°C, die entsteht, wenn der Stahl eine längere Zeit im Temperaturbereich von ca. 400 bis 500°C gehalten wird. Die im Gefüge vorhandenen Chromatome ordnen sich neu, bilden dabei mit Chrom angereicherte Bereiche, die zu Gitterverzerrungen und auch zur Verringerung der Korrosionsbeständigkeit führen. Ein Erwärmen auf Temperaturen oberhalb 700°C beseitigt diese 475°C-Sprödigkeit (Shane, 2023).

Auch bei höheren Temperaturen kann unter Umständen eine erhöhte Sprödigkeit und damit verbunden die Neigung zur interkristallinen Korrosion entstehen. Zur Beseitigung hilft in diesem Falle ein Erwärmen auf 740 bis 850°C mit anschließendem schnellen Abkühlen (Shane, 2023).

Adjustagearbeiten

Zwischen einzelnen Fertigungsschritten und am Ende der Herstellung von Halbzeug aus nichtrostendem ferritischen Stahl werden in Adjustagelinien die Halbzeuge entzundert, gerichtet, geschält, gereinigt und einer Innen- und Oberflächenprüfung unterzogen:

- *Trennen zur Erzielung der von den Kunden gewünschten Maße, z. B. bei der Erzeugung von Präzisionsspaltband*
- *Bearbeiten der Schnittkanten, der Knüppel- und Stabenden*
- *Richten zur Sicherung der Geradheitsanforderungen*
- *Oberflächenbehandlung*

- *Qualitätskontrolle* (Zwischen- und Endkontrollen)
- *Endreinigen*
- *Signieren, Farbmarkieren oder Stempeln zur eindeutigen Identifizierung des Produktes*
- *Zwischenlagern*
- *Fertigmachen* (Konfektionieren)
- *Verpacken und Versenden*

Mechanische Bearbeitung

Je nach Form, Größe sowie Montagesituation des Fertigproduktes sind unterschiedliche Bearbeitungen am Halbzeug oder Bauteil erforderlich. Diese können z. B. sein: Längsteilen von Band (Spaltband), Kantenbearbeitung (Fräsen) an Blechen, Profilen, Rohren zur Vorbereitung von Schweißnähten, Bohren und Gewindeschneiden zur Herstellung von Verbindungen (z. B. an Flanschen, Behältern, Profilen) oder Drehen von Präzisionsteilen. Hierzu sind die unter Kap. 3: *Gefüge und Eigenschaften* genannten Besonderheiten in der Spanbarkeit der nichtrostenden ferritischen Stähle zu beachten.

Oberflächenveredeln

Nichtrostende ferritische Stähle haben eine mittlere bis gute Korrosionsbeständigkeit, die noch optimiert werden kann, wenn metallisch blanke Oberflächen vorliegen. Deshalb kann es für bestimmte Anwendungen vorteilhaft sein, am Fertigprodukt durch eine abschließende chemische Oberflächenbehandlung (Tauch- oder Sprühbeizen), durch Schleifen, Strahlen, Bürsten, Polieren oder Schwabbeln eventuell vorhandene oxidische Schichten zu entfernen. Gleichzeitig entstehen so auch optisch ansprechende, hochwertige und leicht zu reinigende Oberflächen. Der Aufwand für eine Oberflächenbearbeitung richtet sich nach den Bedingungen bei der Anwendung, wie Verschmutzungsanfälligkeit, Reinigungsmöglichkeit, Aussehen bzw. Glanzgrad. Die unterschiedlichen Oberflächenausführungen, auch Sonderoberflächen, sind in internationalen Normen beschrieben. Eine Vielzahl von Oberflächenveredlern reinigen, prägen, schleifen, polieren, schwabbeln, färben mit Lacken oder elektrochemisch, beschichten mit physikalischer Gasphasenabscheidung PVD oder durch Sputtern und schützen mit erst bei Fertigstellung abziehbaren Folien die Oberflächen der unterschiedlichsten Edelstahlprodukte.

Geeignete Nachbehandlungsverfahren, wie z. B. das Passivieren (Entfernen von leichten Fremdeisenkontaminationen von der Oberfläche), das Elektropolieren von Schweißnähten oder das Reinigen mit Schwämmen, Bürsten, Schleifmitteln bzw. auch chemisch von leicht verschmutzten Oberflächen nach längerem Gebrauch sichern maßgeblich die Korrosionsbeständigkeit und somit die Langlebigkeit der unterschiedlichsten Produkte aus den nichtrostenden ferritischen Stählen.

Hinweis:
Generell sollte nichtrostender Stahl, also auch der ferritische Stahl, getrennt von unlegiertem Stahl verarbeitet und gelagert werden, sodass keine Kontamination z. B. mit Schleifstäuben aus der Verarbeitung von unlegiertem Stahl erfolgen kann. Eisenpartikel auf Oberflächen von nichtrostendem Stahl können den sogenannten Flugrost bilden, der dann bei späterer Anwendung des Bauteils auch zu Lochkorrosion führen kann (IMOA/ISER-Dokumentation, 2022).

Der Einsatz nichtrostender Stähle bietet generell folgende Vorteile:

- *hohe Korrosionsbeständigkeit = Langlebigkeit*
- *mechanisch belastbar, geringer Verschleiß, leichte Bauweisen*
- *gut umform- und schweißbar = sehr breites Anwendungsgebiet*
- *glatte Oberflächen = keine Verkeimung*
- *nicht toxisch = Hygieneanwendungen (z. B. Trinkwasser, Medizintechnik)*
- *glänzende, edle Oberflächen = optisch ansprechend*
- *geschmacksneutral = geeignet für Lebensmittel- und Getränkeindustrie*
- *recyclebar = geringe Umweltbelastung*

Bei den nichtrostenden ferritischen Chrom-Stählen ohne Nickel spielt zusätzlich der Kostenfaktor bei der Anwendung eine Rolle. Dort, wo die Umformbarkeit und die mittlere bis gute Korrosionsbeständigkeit der ferritischen Stähle ausreichend ist, kommen die im Vergleich zu den austenitischen Stählen kostengünstigeren und kostenstabileren ferritischen Stähle zunehmend zum Einsatz. Hauptsächlich betrifft dies Anwendungen von Bauteilen bzw. Produkten, die gegen atmosphärische Korrosion, Dampf, Wasser und oxidierenden Säuren beständig sein müssen.

Die Abb. 5.1 zeigt einen ersten Eindruck für Anwendungen in den Bereichen Haushalt, Automobilbau und Medizintechnik.

Die heute so vielfältigen Anwendungen für nichtrostende ferritische Stähle können nach deren Sorten oder den Anwendungsgebieten betrachtet werden.

© Der/die Autor(en), exklusiv lizenziert an Springer Fachmedien Wiesbaden   33
GmbH, ein Teil von Springer Nature 2025
J. Schlegel, *Nichtrostender ferritischer Stahl*, essentials,
https://doi.org/10.1007/978-3-658-47865-0_5

Abb. 5.1 Beispiele für den Einsatz von nichtrostendem ferritischen Stahl in Haushaltsgeräten, im Automobilbau und in der Medizintechnik: V. l. n. r. und v. o. n. u.: Wasserkocher, Kochgeschirr, Mini-Backofen, Bügeleisen, Mikrowellenherd (Innenauskleidung), Geschirrspülbecken, Waschmaschinentrommel, PKW-Abgasanlage, Einrichtung zur Reinigung von Pflegehilfsmitteln in einem Krankenhaus (Fotos: J. Schlegel, Fotos Geschirrspülbecken und PKW-Abgasanlage: Internet)

Anwendung der nichtrostenden ferritischen Standardstähle (Gruppen 1, 2 und 3)

Für viele Anwendungen sind diese Standardstähle gut geeignet bzw. ausreichend.

Stähle der **Gruppe 1** mit dem niedrigsten Chromgehalt als die kostengünstigsten Stähle für geringe bzw. nur leichte Korrosionsbelastungen kommen z. B. für Auspufftöpfe (1.4512 – X2CrTi12) und für Container, Autobusse und Bahnwaggons, auch für Rahmen von LCD-Monitoren (1.4003 – X2CrNi12) zum Einsatz (ISSF, 2007).

Die nichtrostenden ferritischen Stähle der **Gruppe 2,** insbesondere der 1.4016 – X6Cr17, besitzen einen höheren Chromgehalt, sind deshalb korrosionsbeständiger und gut geeignet für typische Anwendungen im Innenbereich, wie z. B. für Waschmaschinentrommeln, Innenraumverkleidungen, Haushaltsgegenstände, Spülmaschinen, Töpfe und Pfannen (oft auch als Ersatz für den austenitischen Stahl 1.4301 – X5CrNi18-10).

Die nichtrostenden ferritischen Stähle der **Gruppe 3,** z. B. 1.4509 – X2CrTiNb18 und 1.4510 – X3CrTi17, sind im Vergleich zu den Stählen der Gruppe 2 besser schweiß- und umformbar. Typische Anwendungen finden sie deshalb z. B. für Spülen, Wärmetauscherrohre, Auto-Abgasanlagen (hierbei mit höherer Lebensdauer als 1.4512 – X2CrTi12).

Anwendung der nichtrostenden ferritischen Spezialstähle (Gruppen 4 und 5)
Die nichtrostenden ferritischen Stähle der **Gruppe 4,** z. B. 1.4113 (X6CrMo17-1), 1.4513 (X2CrMoTi17-1), 1.4521 (X2CrMoTi18-2) und 1.4526 (X2CrMoNb17-1), sind für eine höhere Korrosionsbeständigkeit mit Molybdän legiert. Anwendungsbeispiele sind Warmwassertanks, Teile für elektrische Wasserkocher und Mikrowellenöfen, Verkleidungen und Zierteile für PKW, Sichtteile für Auspuffanlagen (siehe hierzu auch (ISSF, 2007), Seite 15).

Die zur **Gruppe 5** zählenden nichtrostenden ferritischen Stähle, z. B. der 1.4762 (X10CrAlSi25), weisen einen hohen Chromgehalt auf und sind teils auch mit Aluminium legiert. Dadurch sind sie als hitzebeständige Spezialstähle hoch korrosionsbeständig und auch bei höheren Temperaturen zunderbeständig. Mit diesen Eigenschaften sind sie beispielsweise dem nichtrostenden austenitischen Cr-Ni-Mo-Stahl 1.4401 (X5CrNiMo17-12-1) überlegen (ISSF, 2007). Sie werden üblicherweise in einer stark korrosiven Umgebung (z. B. Seeklima) und bei höheren Betriebstemperaturen eingesetzt, wie z. B. im Apparate-, Maschinen- und Ofenbau.

Das Eigenschaftsprofil hinsichtlich Korrosionsbeständigkeit, Tiefzieh- und Oberflächenbearbeitbarkeit, Hochtemperaturbeständigkeit, Schweiß- und Fügbarkeit und auch Magnetismus sowie die wirtschaftlichen Vorteile der nichtrostenden ferritischen Stähle werden auf dem Markt zunehmend geschätzt und führen ständig auch zu neuen Einsatzzwecken. Wie schon erwähnt, reichen die Einsatzgebiete weit über die bekanntesten Anwendungen im Haushalt (Spülbecken) und im Automobilbau (Abgasanlagen) hinaus (ISSF, 2007).

Automobilbau

Zierteile, Klemmschellen, Kofferraumschutzabdeckungen, Scheinwerferblenden, Klemmschellen, Filter, Bremsscheiben, Thermostate, Komponenten in Abgassystemen wie Krümmer, Schalldämpfer, Gehäuse für Dieselpartikelfilter, Umhausungen für Katalysatoren.

Bauwesen

Fensterscharniere, Dachrinnen, Kaminrohre, Bauelemente wie z. B. Träger zur Befestigung von Fassadenelementen, Dachträger, Paneele und Fassadenverkleidungen, Dachelemente.

Verkehrstechnik und Transport

Brückenkonstruktionen und -verkleidungen, Innenverkleidungen von Tunneln, Windschutzzäune, Oberleitungsmasten, Bus- und Waggonrahmen, Container, Kohlewaggons, Karosserierahmen für Straßenbahnen.

Lebensmittelindustrie

Backöfen, Gaskücheneinrichtungen, Kaffeemaschinen, Verkaufsschränke (u. a. beheizbar), Bandtoaster, Kochherde, Mikrowellenöfen, Kühlschränke, Kaffeemaschinen, Restaurantwagen, Wandschränke.

Haushalt und Bürotechnik

Gasherde, Mikrowellenöfen, Tisch-Gasherde, Outdoor-Grillanlagen, Woks, Induktionsgeschirr, Dampfkochtöpfe, Spülmaschinen, Mixer, Reiskocher, Wasserkocher, Abfallbehälter, Dunstabzugshauben, Flüssigkeitsspender, Kühl- und Gefrierschränke, Küchenspülen, Trommeln für Waschmaschinen und Trockner, Bestecke.

Sonstige Anwendungen in der Industrie

Ablassrohre in Staumauern, Tanks, Gittermasten, Förderbänder, Brenner, Teile für Durchlauferhitzer und Heißwasserspeicher, geschweißte Rohre für Wärmetauscher, Kondensatrohre, Teile für den Hochtemperatureinsatz (Ofenbau, Hochtemperaturfördersysteme, Rauchgasentschwefelung), druckdichte Bauteile mit magnetischen Eigenschaften, Schlauchklemmen, Teile für hydraulische und pneumatische Anwendungen.

Nahrungsmittelindustrie

Wand- und Deckenverkleidungen, Tische und Regale, Fördersysteme für die Zuckerindustrie,

Abdeckungen für Safterhitzer, Wassertanks, Lagertanks, Trickwasservorwärmer.

Medizintechnik

Pinzetten, keimfreie Einrichtungen für Krankenhäuser (Regale, Ablagen, Wandschränke, Verkleidungen u. ä. pflegeleichte Arbeitsflächen).

Zu nennen sind auch Schweißdrähte z. B. aus 1.4509 (X2CrTiNb18), 1.4510 (X3CrTi17), 1.4511 (X3CrNb17) und 1.4512 (X2CrTi12) für den Anlagenbau, Teile mit definierten magnetischen Eigenschaften z. B. aus 1.4016 (X6Cr17) und 1.4105 (X6CrMoS17) für Magnetventile sowie Brillengestelle nickelfrei aus 1.4113 (X6CrMo17-1).

Weitere Details zu Anwendungen ausgewählter nichtrostender ferritischer Stähle sind im nachfolgenden Pkt. 6: *Werkstoffdaten* in den Datenblättern zu finden.

Werkstoffdaten

6

Nachfolgend werden relevante Werkstoffdaten für einige nichtrostende ferritische Stähle zusammengefasst, wie:

- *äquivalente Normen und Bezeichnungen, übliche Handelsnamen*
- *chemische Zusammensetzungen (Richtanalysen)*
- *physikalische Eigenschaften*
- *mechanische Eigenschaften*
- *thermische Behandlungen (Warmumformen, Glühen)*
- *Anwendungen*

Für diese Auswahl wurden die in der Praxis häufigsten und gängigsten nichtrostenden ferritischen Stähle herangezogen. In der Reihenfolge steigender Werkstoffnummern werden deren Datenblätter angegeben. Als Quellen dienten Daten zu den Werkstoffen gemäß der gültigen Norm EN 10088 sowie aus Werkstoffdatenblättern der Stahlhersteller und Stahlhändler, aus dem Stahlschlüssel (Wegst & Wegst, 2019) und aus Publikationen wie z. B. (ISSF, 2007).

Hinweis
Die in den nachfolgenden Datenblättern eingetragenen Werte, z. B. für die mechanischen Eigenschaften, sind nur als Richtwerte anzusehen und nicht einer speziellen Halbzeugform (Blech, Stab, Draht, Rohr) zuordnbar.

Die Stahlhersteller weisen in ihren Werkstoffdatenblättern oft nur einen Wert oder engere Toleranzen für die Gehalte an Legierungselementen aus, als es die Richtwerte der Norm EN 10088 zulassen. Auf diese Herstellerangaben kann im Rahmen dieses *essential* nicht eingegangen werden, ebenso nicht auf herstellerspezifische

Angaben zu weiteren Eigenschaften der betreffenden nichtrostenden ferritischen Stähle, wie z. B. Schleifbarkeit und Bearbeitbarkeit sowie auf Empfehlungen zum Umformen, Spanen und Schweißen.

1.4000 (X6Cr13)

Ferritischer, korrosionsbeständiger Chromstahl, bei feingeschliffener oder hochglanzpolierter Oberfläche gut beständig gegen Wasserstoff und Schwefelwasserstoff, gut polierbar und schweißbar, gute Magnetisierbarkeit und mittlere Zerspanbarkeit

Übliche Handelsnamen:
1.4000, 403

Äquivalente Normen und Bezeichnungen:

Deutschland:	DIN EN 10088	1.4000 (X6Cr13)	UNS:		
USA:	AISI / ASTM	403	China:	GB	
Japan:	JIS	SUS403	Schweden:	SS	2301
England:	B.S.	403S17	Russland:	GOST	08Ch13
Frankreich:	AFNOR	Z8C12	Spanien:	UNE	F.3110

Richtanalyse (in Masse-% nach DIN EN 10088):

	C	Si	Mn	S	Cr	Ni	Mo	Sonstige	PREN*
min.	-	-	-	-	12,00	-	-	-	12 - 14
max.	0,080	1,00	1,00	0,015	14,00	-	-	-	

Physikalische Eigenschaften

Dichte ρ (g/cm^3): **7,70**

Elektrischer Widerstand R ($\Omega \cdot mm^2/m$): **0,60**

Spezifische Wärmekapazität c (J/kg·K): **460**

Wärmeleitfähigkeit λ (W/m·K) bei 20 °C: **30**

Magnetisierbarkeit: vorhanden

Wärmeausdehnungskoeffizient α (10^{-6}/K):
20 bis 100 °C
20 bis 200 °C
20 bis 300 °C
20 bis 400 °C
20 bis 500 °C

Mechanische Eigenschaften bei 20 °C (hart)

Härte	Streckgrenze $R_{p0,2}$	Zugfestigkeit R_m	Dehnung A_5	Elastizitätsmodul E
160 - 210 HB	$\geq$ 400 N/mm^2	550 - 700 N/mm^2	$\geq$ 18 %	220 kN/mm^2

Thermische Behandlung: / Abkühlung:

		Abkühlung:
Warmumformen	800 bis 1100 °C	Luft
Weichglühen	750 - 800 °C	Luft

Hinweis zur spanenden Bearbeitung:
mittlere Zerspanbarkeit

Schweißbarkeit: mit Zusatzwerkstoff, möglichst mit anschließendem Glühen

Anwendungen:
Apparate- und Behälterbau, Chemieindustrie, Petrochemie, Energietechnik (Wasser), Maschinenbau, Umwelttechnik, Architektur und Dekoration

*PREN = 1 x % Cr + 3,3 x % Mo + 16 x % N

1.4002 (X6CrAl13)

Ferritischer, korrosionsbeständiger Chromstahl mit verbesserten Schweißeigenschaften, da durch den Aluminium-Legierungsanteil die Aufhärtungsneigung neben der Schweißnaht vermindert und so die Rissanfälligkeit minimiert wird.

Übliche Handelsnamen:

1.4002, 405

Äquivalente Normen und Bezeichnungen:

Deutschland:	DIN EN 10088	1.4002 (X6CrAl13)	UNS:		S40500
USA:	AISI / ASTM	405	China:	GB	
Japan:	JIS	SUS405	Schweden:	SS	X6CrAl13
England:	B.S.	405S17	Russland:	GOST	
Frankreich:	AFNOR	Z8CA12	Spanien:	UNE	X6CrAl13

Richtanalyse (in Masse-% nach DIN EN 10088):

	C	Si	Mn	S	Cr	Ni	Mo	Sonstige	PREN
min.	-	-	-	-	12,00	-	-	Al 0,10 - 0,30	12 - 14
max.	0,080	1,00	1,00	0,015	14,00	-	-	-	

Physikalische Eigenschaften

Dichte ρ (g/cm³): **7,70**

Elektrischer Widerstand R (Ω·mm²/m): **0,60**

Spezifische Wärmekapazität c (J/kg·K): **460**

Wärmeleitfähigkeit λ (W/m·K) bei 20 °C: **30**

Magnetisierbarkeit: **vorhanden**

Wärmeausdehnungskoeffizient α (10^{-6}/K):
20 bis 100 °C
20 bis 200 °C
20 bis 300 °C
20 bis 400 °C
20 bis 500 °C

Mechanische Eigenschaften bei 20 °C (hart)

Härte	Streckgrenze $R_{p0,2}$	Zugfestigkeit R_m	Dehnung A_5	Elastizitätsmodul E
160 - 210 HB	≥ 400 N/mm²	550 - 700 N/mm²	≥ 18 %	220 kN/mm²

Thermische Behandlung: Abkühlung:

Warmumformen	800 bis 1100 °C	Luft
Weichglühen	750 - 800 °C	Luft

Hinweis zur spanenden Bearbeitung:

mittlere Zerspanbarkeit

Schweißbarkeit: mit Zusatzwerkstoff, möglichst mit anschließendem Glühen

Anwendungen:

Apparate- und Behälterbau, Chemieindustrie, Petrochemie, Energietechnik (Wasser), Turbinenbau, Kraftwerksbau, Maschinenbau, Umwelttechnik, Architektur und Dekoration

*PREN = 1 x % Cr + 3,3 x % Mo + 16 x % N

1.4003 (X2CrNi12)

Ferritischer, korrosionsbeständiger Chromstahl für den Einsatz in milden korrosiven Medien, besonders geeignet für Bauindustrie wegen seiner guten Festigkeit und Schweißbarkeit, bis 300 °C verwendbar, auch für Tieftemperatureinsatz geeignet, gut kalt umformbar.

Übliche Handelsnamen:

1.4003, Corrodur 4003 (Deutsche Edelstahlwerke)

Äquivalente Normen und Bezeichnungen:

Deutschland:	DIN EN 10088	1.4003 (X2CrNi12)	UNS:		S40977, S41050, S41003
USA:	AISI / ASTM		China:	GB	
Japan:	JIS		Schweden:	SS	
England:	B.S.	X2CrNi12	Russland:	GOST	
Frankreich:	AFNOR	X2CrNi12	Spanien:	UNE	

Richtanalyse (in Masse-% nach DIN EN 10088):

	C	Si	Mn	S	Cr	Ni	Mo	Sonstige	PREN
min.	-	-	-	-	10,50	0,30	-	N ≤ 0,030	10,5 - 13
max.	0,030	1,00	1,00	0,015	12,50	1,00	-	-	

Physikalische Eigenschaften

Dichte ρ (g/cm³): 7,70

Elektrischer Widerstand R (Ω·mm²/m): 0,60

Spezifische Wärmekapazität c (J/kg·K): 430

Wärmeleitfähigkeit λ (W/m·K) bei 20 °C: 25

Magnetisierbarkeit: vorhanden (H_c < 200 A/m)

Wärmeausdehnungskoeffizient α (10^{-6}/K):
20 bis 100 °C	10,4
20 bis 200 °C	10,8
20 bis 300 °C	11,2
20 bis 400 °C	11,6
20 bis 500 °C	11,9

Mechanische Eigenschaften bei 20 °C (weichgeglüht)

Härte	Streckgrenze $R_{p0,2}$	Zugfestigkeit R_m	Dehnung A_5	Elastizitätsmodul E
≤ 200 HB	≥ 260 N/mm²	450 - 600 N/mm²	≥ 20 %	220 kN/mm²

Kerbschlagarbeit KV: längs ≥ 100 J

Thermische Behandlung: / Abkühlung:

Warmumformen	800 bis 1100 °C	Luft
Lösungsglühen	680 - 740 °C	Luft

Hinweis zur spanenden Bearbeitung:

Neigung zum Schmieren beachten

Schweißbarkeit: mit allen üblichen Verfahren schweißbar (Zusatz: 1.4316 oder 1.4370)

Anwendungen:

Automobilindustrie, Bauindustrie, Bergbau, elektronische Ausrüstungen, Erdölindustrie, Allgemeiner Maschinenbau, Transportindustrie, Zuckerindustrie

*PREN = 1 x % Cr + 3,3 x % Mo + 16 x % N

1.4016 (X6Cr17)

Ferritischer, korrosionsbeständiger Chromstahl mit guter Beständigkeit gegenüber interkristalliner und Spannungsrisskorrosion, korrosionsbeständig gegenüber Wasser, Feuchtigkeit, Wasserdampf, verdünnten organischen Säuren sowie alkalischen Lösungen, jedoch unbeständig gegenüber Seewasser, schlechte Schweißbarkeit begrenzt Anwendungen, bis 400 °C einsetzbar.

Übliche Handelsnamen:

1.4016, 430

Äquivalente Normen und Bezeichnungen:

Deutschland:	DIN EN 10088	1.4016 (X6Cr17)	UNS:		543000
USA:	AISI / ASTM	430, A276/276M	China:	GB	
Japan:	JIS	SUS430	Schweden:	SS	
England:	B.S.	430S17	Russland:	GOST	
Frankreich:	AFNOR	Z8C17	Spanien:	UNE	

Richtanalyse (in Masse-% nach DIN EN 10088):

	C	Si	Mn	S	Cr	Ni	Mo	Sonstige	PREN
min.	-	-	-	-	16,00	-	-	-	16 - 18
max.	0,080	1,00	1,00	0,015	18,00	-	-	-	

Physikalische Eigenschaften

Dichte ρ (g/cm³): **7,70**

Elektrischer Widerstand R ($\Omega \cdot mm^2/m$): **0,60**

Spezifische Wärmekapazität c (J/kg·K): **460**

Wärmeleitfähigkeit λ (W/m·K) bei 20 °C: **25**

Magnetisierbarkeit: vorhanden

Wärmeausdehnungskoeffizient α (10^{-6}/K):
20 bis 100 °C	**10,0**
20 bis 200 °C	**10,0**
20 bis 300 °C	**10,5**
20 bis 400 °C	**10,5**
20 bis 500 °C	**11,0**

Mechanische Eigenschaften bei 20 °C (weichgeglüht)

Härte	Streckgrenze $R_{p0,2}$	Zugfestigkeit R_m	Dehnung A_5	Elastizitätsmodul E
≤ 200 HB	≥ 240 N/mm²	400 - 630 N/mm²	≥ 20 %	

Thermische Behandlung:		Abkühlung:
Warmumformen	800 bis 1100 °C	Luft
Lösungsglühen	750 - 850 °C	Luft

Hinweis zur spanenden Bearbeitung:

Neigung zur Bildung von Langspänen und Aufbauschneiden beachten!

Schweißbarkeit: schwer (Kornwachstum, Versprödung, Minderung Korrosionsbeständigkeit!)

Anwendungen:
Haushalts- und Küchengeräte, Architektur (Innenbereich), Nahrungsmittelindustrie, Medizintechnik, Maschinen- und Anlagenbau, Sanitär-, Heizungs- und Klimatechnik, elektronische Ausrüstungen

*PREN = 1 x % Cr + 3,3 x % Mo + 16 x % N

1.4105 (X6CrMoS17)

Ferritischer, korrosionsbeständiger Chromstahl mit Schwefelzusatz, dadurch im Vergleich zum 1.4016 (X6Cr17) verbesserte Spanbarkeit, Korrosionsbeständigkeit jedoch etwas vermindert, nicht gegen interkristalline Korrosion beständig, angepasste Wärmebehandlung zur Einstellung weichmagnetischer Eigenschaften erforderlich, polierbar, Kaltumformung selten.

Übliche Handelsnamen:

1.4105, Electrodur 4105 (Deutsche Edelstahlwerke)

Äquivalente Normen und Bezeichnungen:

Deutschland:	DIN EN 10088	1.4105 (X6CrMoS17)	*UNS:*		S43020
USA:	AISI / ASTM	430F	*China:*	GB	
Japan:	JIS	SUS430F	*Schweden:*	SS	
England:	B.S.	X6CrMoS17	*Russland:*	GOST	
Frankreich:	AFNOR	Z8CF17	*Spanien:*	UNE	

Richtanalyse (in Masse-% nach DIN EN 10088):

	C	Si	Mn	S	Cr	Ni	Mo	Sonstige	PREN
min.	-	-	-	0,15	16,00	-	0,20	-	17 - 20
max.	0,080	1,50	1,50	0,350	18,00	-	0,60	-	

Physikalische Eigenschaften

Dichte ρ (g/cm^3): **7,70**

Elektrischer Widerstand R ($\Omega \cdot$mm^2/m): **0,70**

Spezifische Wärmekapazität c (J/kg·K): **460**

Wärmeleitfähigkeit λ (W/m·K) bei 20 °C: **25**

Magnetisierbarkeit: vorhanden

Wärmeausdehnungskoeffizient α (10^{-6}/K):
20 bis 100 °C	10,0
20 bis 200 °C	10,5
20 bis 300 °C	10,5
20 bis 400 °C	10,5
20 bis 500 °C	

Mechanische Eigenschaften bei 20 °C (weichgeglüht)

Härte	Streckgrenze $R_{p0,2}$	Zugfestigkeit R_m	Dehnung A_5	Elastizitätsmodul E
≤ 200 HB	≥ 250 N/mm^2	430 - 630 N/mm^2	≥ 20 %	220 kN/mm^2

Thermische Behandlung: | Abkühlung:

Thermische Behandlung:		Abkühlung:
Warmumformen	800 bis 1100 °C	Luft
Weichglühen	750 - 825 °C	Luft

Hinweis zur spanenden Bearbeitung:

wegen Schwefelgehalt gut spanbar (Spanbrechverhalten gut)

Schweißbarkeit: schwer (im Allgemeinen wird 1.4105 nicht geschweißt))

Anwendungen:
Automobilindustrie, elektronische Ausrüstungen

*PREN = 1 x % Cr + 3,3 x % Mo + 16 x % N

1.4113 (X6CrMo17-1)

Ferritischer, korrosionsbeständiger Chromstahl mit guter Korrosionsbeständigkeit (da legiert mit Molybdän) in Wasser, Dampf und anderen aggressiven Medien, insbesondere mit hoher Beständigkeit gegen Lochfraß, mit guten magnetischen Eigenschaften, gut spanbar

Übliche Handelsnamen:

1.4113, 1.4113 IM (Zapp)

Äquivalente Normen und Bezeichnungen:

Deutschland:	DIN EN 10088	1.4113 (X6CrMo17-1)	*UNS:*		S43400
USA:	AISI / ASTM	434	*China:*	GB	
Japan:	JIS	SUS434	*Schweden:*	SS	
England:	B.S.	434S17	*Russland:*	GOST	
Frankreich:	AFNOR	Z8CD17-01	*Spanien:*	UNE	

Richtanalyse (in Masse-% nach DIN EN 10088):

	C	Si	Mn	S	Cr	Ni	Mo	Sonstige	PREN
min.	-	-	-	-	16,00	-	0,90	-	19 - 22
max.	0,080	1,00	1,00	0,015	18,00	-	1,40	-	

Physikalische Eigenschaften

Dichte ρ (g/cm³): 7,70

Elektrischer Widerstand R ($\Omega \cdot mm^2/m$): 0,82

Spezifische Wärmekapazität c (J/kg·K): 460

Wärmeleitfähigkeit λ (W/m·K) bei 20 °C: 25

Magnetisierbarkeit: vorhanden

Wärmeausdehnungskoeffizient α (10^{-6}/K):
20 bis 100 °C
20 bis 200 °C
20 bis 300 °C
20 bis 400 °C
20 bis 500 °C

Mechanische Eigenschaften bei 20 °C (geglüht)

Härte	Streckgrenze $R_{p0,2}$	Zugfestigkeit R_m	Dehnung A_5	Elastizitätsmodul E
≤ 200 HB	≥ 280 N/mm²	440 - 660 N/mm²	≥ 18 %	220 kN/mm²

Thermische Behandlung: / Abkühlung:

Warmumformen	750 bis 1050 °C	Luft
Weichglühen	750 - 850 °C	Luft

Hinweis zur spanenden Bearbeitung:

gut spanbar

Schweißbarkeit: Als Schweißverfahren werden Plasma- und Laserschweißen empfohlen!

Anwendungen:

hydraulische und pneumatische Magnetventile, Medizintechnik, Energie- und Umwelttechnik, Fahrzeugbau, Pharmatechnik

*PREN = 1 x % Cr + 3,3 x % Mo + 16 x % N

1.4509 (X2CrTiNb18)

Ferritischer, korrosionsbeständiger Chromstahl mit guter Korrosionsbeständigkeit in mäßig aggressiven Medien, im Vergleich zu austenitischen Stählen ausgezeichnet beständig gegen Spannungsrisskorrosion, bis 300 °C einsetzbar mit mittleren mechanischen Eigenschaften

Übliche Handelsnamen:

1.4509, Acidur 4509 (Deutsche Edelstahlwerke), **AISI 441**

Äquivalente Normen und Bezeichnungen:

Deutschland:	DIN EN 10088	1.4509 (X2CrTiNb18)	*UNS:*		S43940
USA:	AISI / ASTM	441	*China:*	GB	
Japan:	JIS	SUS430LX	*Schweden:*	SS	
England:	B.S.		*Russland:*	GOST	
Frankreich:	AFNOR	Z3CTNb18	*Spanien:*	UNE	

Richtanalyse (in Masse-% nach DIN EN 10088):

	C	Si	Mn	S	Cr	Ni	Mo	Sonstige	PREN
min.	-	-	-	-	17,50	-	-	Ti 0,10 - 0,60	19 - 22
max.	0,030	1,00	1,00	0,015	18,50	-	-	Nb 3xC+0,30 ≤ 1,00	

Physikalische Eigenschaften

Dichte ρ (g/cm³): **7,70**

Elektrischer Widerstand R (Ω·mm²/m): **0,6**

Spezifische Wärmekapazität c (J/kg·K): **460**

Wärmeleitfähigkeit λ (W/m·K) bei 20 °C: **25**

Magnetisierbarkeit: vorhanden

Wärmeausdehnungskoeffizient α $(10^{-6}/\text{K})$:

20 bis 100 °C	10,0
20 bis 200 °C	10,0
20 bis 300 °C	10,5
20 bis 400 °C	10,5
20 bis 500 °C	

Mechanische Eigenschaften bei 20 °C (geglüht)

Härte	Streckgrenze $R_{p0,2}$	Zugfestigkeit R_m	Dehnung A_5	Elastizitätsmodul E
≤ 200 HB	≥ 200 N/mm²	420 - 620 N/mm²	≥ 18 %	220 kN/mm²

Thermische Behandlung:		Abkühlung:
Warmumformen	800 bis 1100 °C	Luft
Weichglühen	750 - 850 °C	Luft, schnelle Abkühlung

Hinweis zur spanenden Bearbeitung:

mittlere Spanbarkeit (Neigung zum Schmieren und Bildung von Aufbauschneiden)

Schweißbarkeit: mit allen Schweißverfahren schweißbar (Zusatzwerkstoffe 1.4316 und 1.4502)

Anwendungen:

Automobilindustrie (Abgassysteme), Anlagenbau, Chemieindustrie/Petrochemie, Maschinenbau

*PREN = 1 x % Cr + 3,3 x % Mo + 16 x % N

1.4510 (X3CrTi17)

Ferritischer, korrosionsbeständiger Chromstahl mit guter Korrosionsbeständigkeit und guten mechanischen Eigenschaften, mit Titan stabilisiert, mit sehr guter Schweißbarkeit, Umform- und Schmiedbarkeit

Übliche Handelsnamen:

1.4510, AISI 439

Äquivalente Normen und Bezeichnungen:

Deutschland:	DIN EN 10088	1.4510 (X3CrTi17)	UNS:		S43940
USA:	AISI / ASTM	439	China:	GB	
Japan:	JIS	SUS430LX	Schweden:	SS	X3CrTi17
England:	B.S.	X3CrTi17	Russland:	GOST	08Ch17T
Frankreich:	AFNOR	Z4CT17	Spanien:	UNE	X3CrTi17

Richtanalyse (in Masse-% nach DIN EN 10088):

	C	Si	Mn	S	Cr	Ni	Mo	Sonstige	PREN
min.	-	-	-	-	16,00	-	-	Ti 4x(C+N)+0,15 ≤ 0,80	16 - 18
max.	0,050	1,00	1,00	0,015	18,00	-	-	-	

Physikalische Eigenschaften

Dichte ρ (g/cm³): 7,70

Elektrischer Widerstand R (Ω·mm²/m): 0,6

Spezifische Wärmekapazität c (J/kg·K): 460

Wärmeleitfähigkeit λ (W/m·K) bei 20 °C: 25

Magnetisierbarkeit: vorhanden

Wärmeausdehnungskoeffizient α (10^{-6}/K):
20 bis 100 °C
20 bis 200 °C
20 bis 300 °C
20 bis 400 °C
20 bis 500 °C

Mechanische Eigenschaften bei 20 °C (geglüht)

Härte	Streckgrenze $R_{p0,2}$	Zugfestigkeit R_m	Dehnung A_5	Elastizitätsmodul E
≤ 185 HB	≥ 270 N/mm²	450 - 600 N/mm²	≥ 20 %	220 kN/mm²

Thermische Behandlung:

		Abkühlung:
Warmumformen	800 bis 1100 °C	Luft
Weichglühen	750 - 850 °C	Luft

Hinweis zur spanenden Bearbeitung:

mittlere Spanbarkeit

Schweißbarkeit: gut schweißbar (Zusatzwerkstoffe: 1.4316, 1.4502, 1.4551, 1.4302)

Anwendungen:

Lebensmitteltechnik, Anlagenbau, Apparate- und Behälterbau, Katalysatoren und Auspuffanlagen, Haushaltsgeräte

*PREN = 1 x % Cr + 3,3 x % Mo + 16 x % N

1.4511 (X3CrNb17)

Ferritischer, korrosionsbeständiger Chromstahl mit Niobzusatz (stabilisiert), Korrosionsbeständigkeit geringer als die der austenitischen Stähle, jedoch beständig gegen Spannungsrisskorrosion, wegen Niobzusatz nicht hochglanzpolierbar, mittlere mechanische Eigenschaften

Übliche Handelsnamen:

1.4511, Ergste® 1.4511IA (Zapp)

Äquivalente Normen und Bezeichnungen:

Deutschland:	DIN EN 10088	1.4511 (X3CrNb17)	*UNS:*		
USA:	AISI / ASTM		*China:*	GB	
Japan:	JIS	SUS430LX	*Schweden:*	SS	
England:	B.S.		*Russland:*	GOST	
Frankreich:	AFNOR	Z4CNb17	*Spanien:*	UNE	

Richtanalyse (in Masse-% nach DIN EN 10088):

	C	Si	Mn	S	Cr	Ni	Mo	Sonstige	PREN
min.	-	-	-	-	16,00	-	-	Nb 12xC ≤ 1,00	16 - 18
max.	0,050	1,00	1,00	0,015	18,00	-	-	-	

Physikalische Eigenschaften

Dichte ρ (g/cm³): **7,70**

Elektrischer Widerstand R (Ω·mm²/m): **0,60**

Spezifische Wärmekapazität c (J/kg·K): **460**

Wärmeleitfähigkeit λ (W/m·K) bei 20 °C: **25**

Magnetisierbarkeit: vorhanden

Wärmeausdehnungskoeffizient α (10^{-6}/K):

20 bis 100 °C	**10,0**
20 bis 200 °C	**10,0**
20 bis 300 °C	**10,5**
20 bis 400 °C	**10,5**
20 bis 500 °C	**11,0**

Mechanische Eigenschaften bei 20 °C (geglüht)

Härte	Streckgrenze $R_{p0,2}$	Zugfestigkeit R_m	Dehnung A_5	Elastizitätsmodul E
≤ 200 HB	≥ 240 N/mm²	400 - 630 N/mm²	≥ 20 %	220 kN/mm²

Thermische Behandlung: / Abkühlung:

Thermische Behandlung:		Abkühlung:
Warmumformen	800 bis 1100 °C	Luft
Weichglühen	750 - 850 °C	Luft

Hinweis zur spanenden Bearbeitung:

mittlere Spanbarkeit (Neigung zum Schmieren und Bildung von Aufbauschneiden)

Schweißbarkeit: gut mit gängigen Schweißverfahren (Zusatzwerkstoffe: 1.4316, 1.4502, 2.4806)

Anwendungen:

Magnetventile, Kleinarmaturen in Haushaltsgeräten, Färbereien und Seifenindustrie, Automobilindustrie, Molkerei-, Brauerei- und Nahrungsmittelindustrie, Maschinenbau

*PREN = 1 x % Cr + 3,3 x % Mo + 16 x % N

1.4512 (X2CrTi12)

Ferritischer, korrosionsbeständiger Chromstahl mit Titanzusatz (stabilisiert), Korrosionsbeständigkeit geringer als die der austenitischen Stähle, jedoch beständig gegen Spannungsrisskorrosion, wegen Titanzusatz nicht hochglanzpolierbar, mittlere mechanische Eigenschaften

Übliche Handelsnamen:

1.4512, AISI 409

Äquivalente Normen und Bezeichnungen:

Deutschland:	DIN EN 10088	1.4512 (X2CrTi12)	*UNS:*		S40900
USA:	AISI / ASTM	409	*China:*	GB	
Japan:	JIS		*Schweden:*	SS	
England:	B.S.	409S19	*Russland:*	GOST	
Frankreich:	AFNOR	Z3CT12	*Spanien:*	UNE	

Richtanalyse (in Masse-% nach DIN EN 10088):

	C	Si	Mn	S	Cr	Ni	Mo	Sonstige	PREN
min.	-	-	-	-	10,50	-	-	Ti 6x(C+N) - 0,65	10,5 - 12,5
max.	0,030	1,00	1,00	0,015	12,50	-	-	-	

Physikalische Eigenschaften

Dichte ρ (g/cm^3): **7,70**

Elektrischer Widerstand R ($\Omega \cdot$mm^2/m): **0,60**

Spezifische Wärmekapazität c (J/kg·K): **460**

Wärmeleitfähigkeit λ (W/m·K) bei 20 °C: **25**

Magnetisierbarkeit: vorhanden

Wärmeausdehnungskoeffizient α (10^{-6}/K):

20 bis 100 °C	11,0
20 bis 200 °C	11,0
20 bis 300 °C	11,5
20 bis 400 °C	
20 bis 500 °C	

Mechanische Eigenschaften bei 20 °C (geglüht)

Härte	Streckgrenze $R_{p0,2}$	Zugfestigkeit R_m	Dehnung A_5	Elastizitätsmodul E
≤ 180 HB	≥ 220 N/mm^2	390 - 560 N/mm^2	≥ 20 %	220 kN/mm^2

Thermische Behandlung:

		Abkühlung:
Warmumformen	800 bis 1100 °C	Luft
Weichglühen	750 - 850 °C	Luft

Hinweis zur spanenden Bearbeitung:

mittlere Spanbarkeit (Neigung zum Schmieren und Bildung von Aufbauschneiden)

Schweißbarkeit: empfindlich gegen Versprödung durch Kornwachstum (Zusatz: 1.4316, 1.4502)

Anwendungen:

Automobilindustrie, Befestigungselemente, Maschinenbau, Bauindustrie, Nahrungsmittelindustrie

*PREN = 1 x % Cr + 3,3 x % Mo + 16 x % N

1.4513 (X2CrMoTi17-1)

Ferritischer, korrosionsbeständiger Chromstahl mit mittlerem Chromgehalt, mit Molybdän legiert und mit Titan stabilisiert, geeignet für viele korrosive Umgebungen, leicht zu formen und zu schweißen, gut einsetzbar bei erhöhten Temperaturen

Übliche Handelsnamen:

1.4513, AISI 436, K33X - 1.4513 (aperam)

Äquivalente Normen und Bezeichnungen:

Deutschland:	DIN EN 10088	1.4513 (X2CrMoTi17-1)	UNS:		S43600
USA:	AISI / ASTM	436	China:	GB	
Japan:	JIS		Schweden:	SS	
England:	B.S.		Russland:	GOST	
Frankreich:	AFNOR		Spanien:	UNE	

Richtanalyse (in Masse-% nach DIN EN 10088):

	C	Si	Mn	S	Cr	Ni	Mo	Sonstige	PREN
min.	-	-	-	-	16,00	-	0,80	Ti 0,30 - 0,60	19 - 23
max.	0,025	1,00	1,00	0,015	18,00	-	1,40	N ≤ 0,02	

Physikalische Eigenschaften

Dichte ρ (g/cm³): **7,85**

Elektrischer Widerstand R ($\Omega \cdot mm^2/m$): **0,70**

Spezifische Wärmekapazität c (J/kg·K): **460**

Wärmeleitfähigkeit λ (W/m·K) bei 20 °C: **25**

Magnetisierbarkeit: vorhanden

Wärmeausdehnungskoeffizient α (10^{-6}/K):

20 bis 100 °C	**10,0**
20 bis 200 °C	**10,5**
20 bis 300 °C	**10,5**
20 bis 400 °C	**10,5**
20 bis 500 °C	**11,0**

Mechanische Eigenschaften bei 20 °C (geglüht)

Härte	Streckgrenze $R_{p0,2}$	Zugfestigkeit R_m	Dehnung A_5	Elastizitätsmodul E
≤ 180 HB	≥ 220 N/mm²	400 - 550 N/mm²	≥ 23 %	220 kN/mm²

Thermische Behandlung:

		Abkühlung:
Warmumformen	800 bis 1100 °C	Luft
Weichglühen	750 - 850 °C	Luft

Hinweis zur spanenden Bearbeitung:

mittlere Spanbarkeit

Schweißbarkeit: gut

Anwendungen:

Automobilindustrie – Schalldämpfer, Auspuffanlagen, Rohre, Haushaltsgeräte, Wärmetauscher, Säurelagertanks, Textilindustrie, Milch-, Obst- und Gemüse- sowie Brauereiindustrie

*PREN = 1 x % Cr + 3,3 x % Mo + 16 x % N

1.4521 (X2CrMoTi18-2)

Ferritischer, korrosionsbeständiger Chromstahl, mit Chrom- und Titanzusatz, mit sehr guter Beständigkeit gegenüber Loch- und Spannungsrisskorrosion, mit geringer Verfestigungsneigung, guter Zerspanbarkeit und Schmiedbarkeit, mit mittleren mechanischen Eigenschaften, schlecht polierbar

Übliche Handelsnamen:
1.4521

Äquivalente Normen und Bezeichnungen:

Deutschland:	DIN EN 10088	1.4521 (X2CrMoTi18-2)	*UNS:*		S44400
USA:	AISI / ASTM	444	*China:*	GB	
Japan:	JIS	SUS444	*Schweden:*	SS	2326
England:	B.S.	X2CrMiTi18-2	*Russland:*	GOST	
Frankreich:	AFNOR	Z3CDT18-02	*Spanien:*	UNE	F.3123

Richtanalyse (in Masse-% nach DIN EN 10088):

	C	Si	Mn	S	Cr	Ni	Mo	Sonstige	PREN
min.	-	-	-	-	17,00	-	1,80	Ti 4x(C+N) + 0,15 ≤ 0,80	23 - 28
max.	0,025	1,00	1,00	0,015	20,00	-	2,50	N ≤ 0,030	

Physikalische Eigenschaften

Dichte ρ (g/cm^3): **7,70**

Elektrischer Widerstand R (Ω·mm^2/m): **0,80**

Spezifische Wärmekapazität c (J/kg·K): **430**

Wärmeleitfähigkeit λ (W/m·K) bei 20 °C: **23**

Magnetisierbarkeit: vorhanden

Wärmeausdehnungskoeffizient α (10^{-6}/K):
20 bis 100 °C
20 bis 200 °C
20 bis 300 °C
20 bis 400 °C
20 bis 500 °C

Mechanische Eigenschaften bei 20 °C (geglüht)

Härte	Streckgrenze R$_{p0,2}$	Zugfestigkeit R$_m$	Dehnung A$_5$	Elastizitätsmodul E
≤ 200 HB	≥ 320 N/mm^2	450 - 650 N/mm^2	≥ 20 %	220 kN/mm^2

Thermische Behandlung:		*Abkühlung:*
Warmumformen	750 bis 1150 °C	Luft
Weichglühen	750 - 900 °C	Luft

Hinweis zur spanenden Bearbeitung:

gute Zerspanbarkeit

Schweißbarkeit: gut mit und ohne Schweißzusatz

Anwendungen:
Automobilindustrie, Verbindungselemente, Maschinen- und Anlagenbau, Armaturenbau, Apparate- und Behälterbau, Kaltstauchrohre, Wärmetauscherrohre, Haushaltsgeräte

*PREN = 1 x % Cr + 3,3 x % Mo + 16 x % N

1.4724 (X10CrAlSi13)

Ferritischer, korrosionsbeständiger und hitzebeständiger Chromstahl mit Aluminiumzusatz, bis 850 °C zunderbeständig, beständig gegenüber oxidierenden schwefelhaltigen Gasen, gute Zerspanbarkeit, bedingt kaltumformbar

Übliche Handelsnamen:

1.4724, AISI 405, Sicromal 9, FERROTHERM ® 4724 (DEW)

Äquivalente Normen und Bezeichnungen:

Deutschland:	DIN EN 10088	1.4724 (X10CrAlSi13)	UNS:		S44600
USA:	AISI / ASTM	405	China:	GB	
Japan:	JIS	SUS444	Schweden:	SS	
England:	B.S.		Russland:	GOST	
Frankreich:	AFNOR	Z13C13, Z10C13	Spanien:	UNE	

Richtanalyse (in Masse-% nach DIN EN 10088):

	C	Si	Mn	S	Cr	Ni	Mo	Sonstige	PREN
min.	-	0,70	-	-	12,00	-	-	Al 0,70 - 1,20	12 - 14
max.	0,120	1,40	1,00	0,015	14,00	-	-	-	

Physikalische Eigenschaften

Dichte ρ (g/cm^3): **7,7**

Elektrischer Widerstand R (Ω·mm^2/m): **0,75**

Spezifische Wärmekapazität c (J/kg·K): **500**

Wärmeleitfähigkeit λ (W/m·K) bei 20 °C: **21**

Magnetisierbarkeit: vorhanden

Wärmeausdehnungskoeffizient α (10^{-6}/K):

20 bis 100 °C	
20 bis 200 °C	10,5
20 bis 300 °C	
20 bis 400 °C	11,5
20 bis 600 °C	12,0
20 bis 800 °C	12,5

Mechanische Eigenschaften bei 20 °C (geglüht)

Härte	Streckgrenze $R_{p0,2}$	Zugfestigkeit R_m	Dehnung A_5	Elastizitätsmodul E
≤ 192 HB	≥ 250 N/mm^2	450 - 650 N/mm^2	≥ 15 %	200 kN/mm^2

Thermische Behandlung:

		Abkühlung:
Warmumformen	800 bis 1150 °C	Luft
Weichglühen	800 - 860 °C	Luft

Hinweis zur spanenden Bearbeitung:

gute Zerspanbarkeit, Neigung zum Schmieren beachten!

Schweißbarkeit: gut mit Schweißzusatzwerkstoffen 1.4723, 1.4820, 1.4829

Anwendungen:

Ofenbau, Maschinenbau, Apparatebau für Hochtemperatureinsatz, Hochtemperaturfördersysteme, Kettenindustrie, Rauchgasentschwefelung

*PREN = 1 x % Cr + 3,3 x % Mo + 16 x % N

1.4742 (X10CrAlSi18)

Ferritischer, korrosionsbeständiger und hitzebeständiger Chromstahl mit Aluminiumzusatz, besonders beständig gegenüber schwefelhaltigen Gasen, höherer Chromgehalt im Vergleich zum 1.4724 sichert Beständigkeit gegen Hochtemperaturoxidation, ist bis ca. 1000 °C zunderbeständig, schwerer umformbar als austenitische Güten

Übliche Handelsnamen:

1.4742, AISI 442, FERROTHERM® 1.4742 (DEW), Sicromal 10

Äquivalente Normen und Bezeichnungen:

Deutschland:	DIN EN 10088	1.4742 (X10CrAlSi18)	UNS:		S44200
USA:	AISI / ASTM	442	China:	GB	
Japan:	JIS	SUH21	Schweden:	SS	
England:	B.S.	X10CrAlSi18	Russland:	GOST	15Ch18SJu
Frankreich:	AFNOR	Z10CAS18	Spanien:	UNE	

Richtanalyse (in Masse-% nach DIN EN 10088):

	C	Si	Mn	S	Cr	Ni	Mo	Sonstige	PREN
min.	-	0,70	-	-	17,00	-	-	Al 0,70 - 1,20	17 - 19
max.	0,120	1,40	1,00	0,015	19,00	-	-	-	

Physikalische Eigenschaften

Dichte ρ (g/cm³): 7,7

Elektrischer Widerstand R (Ω·mm²/m): 0,93

Spezifische Wärmekapazität c (J/kg·K): 500

Wärmeleitfähigkeit λ (W/m·K) bei 20 °C: 19

Magnetisierbarkeit: vorhanden

Wärmeausdehnungskoeffizient α (10^{-6}/K):

20 bis 100 °C	
20 bis 200 °C	10,5
20 bis 400 °C	11,5
20 bis 600 °C	12,0
20 bis 800 °C	12,5
20 bis 1000 °C	13,5

Mechanische Eigenschaften bei 20 °C (geglüht)

Härte	Streckgrenze $R_{p0,2}$	Zugfestigkeit R_m	Dehnung A_5	Elastizitätsmodul E
≤ 212 HB	≥ 270 N/mm²	500 - 700 N/mm²	≥ 15 %	

Thermische Behandlung:

		Abkühlung:
Warmumformen	750 bis 1100 °C	Luft
Weichglühen	800 - 860 °C	Luft, Wasser

Hinweis zur spanenden Bearbeitung:

Neigung zum Schmieren, selten spangebende Verarbeitung

Schweißbarkeit: mit allen üblichen Schweißverfahren schweißbar

Anwendungen:

Düsen für Hochtemperatureinsatz, Hochtemperaturfördersysteme, Kettenindustrie, Maschinenbau, Ofenbau, Zementindustrie

*PREN = 1 x % Cr + 3,3 x % Mo + 16 x % N

1.4749 (X18CrN28)

Ferritischer, korrosionsbeständiger und hitzebeständiger Chromstahl mit Stickstoffzusatz, beständig gegenüber oxidierenden schwefelhaltigen Gasen, bis 1100 °C zunderbeständig

Übliche Handelsnamen:
1.4749, AISI 446

Äquivalente Normen und Bezeichnungen:

Deutschland:	DIN EN 10088	1.4749 (X18CrN28)	UNS:	S44600
USA:	AISI / ASTM	446	China:	GB
Japan:	JIS		Schweden:	SS
England:	B.S.		Russland:	GOST
Frankreich:	AFNOR		Spanien:	UNE

Richtanalyse (in Masse-% nach DIN EN 10088):

	C	Si	Mn	S	Cr	Ni	Mo	Sonstige	PREN
min.	0,150	-	-	-	25,00	-	-	N 0,15 - 0,25	28 - 33
max.	0,200	1,00	1,00	0,015	29,00	-	-	-	

Physikalische Eigenschaften

Dichte ρ (g/cm^3): **7,7**

Elektrischer Widerstand R ($\Omega \cdot$mm^2/m): **0,7**

Spezifische Wärmekapazität c (J/kg·K): **500**

Wärmeleitfähigkeit λ (W/m·K) bei 20 °C: **17**

Magnetisierbarkeit: vorhanden

Wärmeausdehnungskoeffizient α (10^{-6}/K):
20 bis 100 °C
20 bis 200 °C
20 bis 400 °C
20 bis 600 °C
20 bis 800 °C
20 bis 1000 °C

Mechanische Eigenschaften bei 20 °C (geglüht)

Härte	Streckgrenze $R_{p0,2}$	Zugfestigkeit R_m	Dehnung A_5	Elastizitätsmodul E
≤ 212 HB	≥ 280 N/mm^2	500 - 700 N/mm^2	≥ 15 %	200 kN/mm^2

Thermische Behandlung: | Abkühlung:

Warmumformen

Weichglühen

Hinweis zur spanenden Bearbeitung:

Schweißbarkeit: schweißbar mit Zusatzwerkstoffen 1.4773, 1.4820, 1.4842

Anwendungen:
Düsen für Hochtemperatureinsatz, Hochtemperaturfördersysteme, Kettenindustrie, Maschinenbau, Ofenbau, Zementindustrie

*PREN = 1 x % Cr + 3,3 x % Mo + 16 x % N

1.4762 (X10CrAlSi25)

Ferritischer, korrosionsbeständiger und hitzebeständiger Chromstahl mit Aluminiumzusatz, bis ca. 1150 °C zunderbeständig an Luft (wegen höherem Chromgehalt zunderbeständiger als 1.4742), gegen Einwirkung schwefelhaltiger Gase weitgehend unempfindlich, bedingt kaltumformbar

Übliche Handelsnamen:

1.4762, AISI 446

Äquivalente Normen und Bezeichnungen:

Deutschland:	DIN EN 10088	1.4762 (X10CrAlSi25)
USA:	AISI / ASTM	446
Japan:	JIS	
England:	B.S.	
Frankreich:	AFNOR	

UNS:	S44600
China:	GB
Schweden:	SS
Russland:	GOST
Spanien:	UNE

Richtanalyse (in Masse-% nach DIN EN 10088):

	C	Si	Mn	S	Cr	Ni	Mo	Sonstige	PREN
min.	-	0,70	-	-	23,00	-	-	Al 1,20 - 1,70	23 - 26
max.	0,120	1,40	1,00	0,015	26,00	-	-	-	

Physikalische Eigenschaften

Dichte ρ (g/cm³): 7,7

Elektrischer Widerstand R (Ω·mm²/m): 1,1

Spezifische Wärmekapazität c (J/kg·K): 500

Wärmeleitfähigkeit λ (W/m·K) bei 20 °C: 17

Magnetisierbarkeit: vorhanden

Wärmeausdehnungskoeffizient α (10⁻⁶/K):

20 bis 100 °C	
20 bis 200 °C	10,5
20 bis 400 °C	11,5
20 bis 600 °C	12,0
20 bis 800 °C	
20 bis 1000 °C	13,5

Mechanische Eigenschaften bei 20 °C (geglüht)

Härte	Streckgrenze $R_{p0,2}$	Zugfestigkeit R_m	Dehnung A_5	Elastizitätsmodul E
≤ 223 HB	≥ 280 N/mm²	520 - 720 N/mm²	≥ 10 %	220 kN/mm²

Thermische Behandlung:

		Abkühlung:
Warmumformen	750 - 1100 °C	Luft
Weichglühen	800 - 860 °C	Luft, Wasser

Hinweis zur spanenden Bearbeitung:

selten spangebende Verarbeitung!

Schweißbarkeit: schweißbar mit gängigen Verfahren (Wärmeempfindlichkeit beachten!)

Anwendungen:

Apparatebau für Hochtemperatureinsatz, Kettenindustrie, Maschinenbau, Ofenbau, Rußbläser

*PREN = 1 x % Cr + 3,3 x % Mo + 16 x % N

Was Sie aus diesem *essential* mitnehmen können

- Interessantes aus der Entstehungsgeschichte der nichtrostenden ferritischen Stähle im Kontext mit der Entwicklung der Gruppe der korrosionsbeständigen Stähle
- Erläuterungen zu den in der Praxis genutzten nichtrostenden ferritischen Stählen, strukturiert nach Sorten, chemischen Zusammensetzungen, Gefügen und Eigenschaften
- Kurzbeschreibung der Erzeugung, Wärmebehandlung und Weiterverarbeitung
- Hinweise zu Anwendungen von nichtrostenden ferritischen Stählen
- Überblick zu Werkstoffdaten für ausgewählte nichtrostende ferritische Stähle

J. Schlegel, *Nichtrostender ferritischer Stahl*, essentials, https://doi.org/10.1007/978-3-658-47865-0

Literatur

Burghardt, H., & Neuhof, G. (1982). *Stahlerzeugung.* VEB Deutscher Verlag für Grundstoff-industrie.

Domke, W. (2001). *Werkstoffkunde und Werkstoffprüfung* (10. verbesserte Aufl.). Cornelsen-Velhagen & Klasing, ISBN 3-590-81220-6.

IMOA/ISER-Dokumentation (2022). *Verarbeitung austenitischer nichtrostender Stähle – Ein praktischer Leitfaden,* ISBN 978-1-907470-14-1.

ISSF (international Stainless Steel Forum) (April 2007). *Die ferritische Lösung – Eigenschaften/Vorteile/Einsatzmöglichkeiten.* Tagungsband.

Köstler, H. J. (1990). *Max Mauermann.* In Neue Deutsche Biographie (NDB), (Bd. 16). Duncker & Humblot.

Langehenke, H. (2007). *Werkstoff-Kurznamen und Werkstoff-Nummern für Eisenwerkstoffe: DIN-Normenheft 3 DIN-Normen und Werkstoffblätter Querverweislisten.* Taschenbuch, Beuth.

Lowe, D. B. (2017). *Das Chemiebuch: 250 Meilensteine der Chemie: Vom Schießpulver bis zum Graphen.* Libero.

Schlegel, J. (2021). *Die Welt des Stahls.* Springer, ISBN 978-3-658-33915-9.

Schlegel, J. (2023). *Nichtrostender austenitischer Stahl.* Springer Vieweg, ISBN 978-3-658-42285-1.

Schönherr, H (2002). *Spanende Fertigung.* Oldenbourg Wissenschaftsverlag, eBook ISBN 978348679842.

Shane. (2023). *Wärmebehandlung von Edelstahl: Der ultimative Leitfaden.* MACHINEMFG Artikel. Zugegriffen: 8. Aug. 2023.

Wegst, M., & Wegst, C. (2019). *Stahlschlüssel-Taschenbuch.* Verlag Stahlschlüssel Wegst GmbH.